U0148567

21 世纪高等学校计算机应用技术规划教材

Photoshop 平面图像处理教程

范 瑜 宋宇翔 主编

黎 红 徐 瑾 梁广荣 副主编

清华大学出版社

北 京

内 容 简 介

本书在全面介绍 Photoshop 在平面图像处理主要功能的基础上,着重介绍了 Phototshop 在平面图像处理领域中常用的基本概念、基本技巧,并将基本概念与基本技巧集成在每章的实例中,通过实例学习与概念学习相结合的方法,结合常用技能的介绍,让读者能够在较短的时间内掌握 Photoshop 的基本使用方法及其在平面图像处理中常用的技能方法。

全书共分 9 章:

第 1 章为理论基础,主要介绍平面图像处理的相关知识,以及 Photoshop CS4 的基本功能、基本使用方法和环境设置等。

第 2～8 章为 Photoshop CS4 在平面图像处理中的技能介绍以及实例训练,每章都配备了多个针对性强、有实际使用意义的实例。

第 9 章为综合训练,综合使用多种技能完成和实际工作结合紧密的多个实例。

本书既可作为高等学校计算机专业、非计算机专业本科生的教材,也可作为对 Photoshop 平面图像处理感兴趣、需要提升技能的读者的参考书。

本书封面贴有清华大学出版社防伪标签,无标签者不得销售。

版权所有,侵权必究。侵权举报电话:010-62782989　13701121933

图书在版编目(CIP)数据

Photoshop 平面图像处理教程/范瑜,宋宇翔主编. —北京:清华大学出版社,2013

21 世纪高等学校计算机应用技术规划教材

ISBN 978-7-302-32833-9

Ⅰ. ①P… Ⅱ. ①范… ②宋… Ⅲ. ①图象处理软件－高等学校－教材 Ⅳ. ①TP391.41

中国版本图书馆 CIP 数据核字(2013)第 136926 号

责任编辑:索　梅　王冰飞
封面设计:杨　兮
责任校对:白　蕾
责任印制:刘海龙

出版发行:清华大学出版社
　　　　网　　　址:http://www.tup.com.cn,http://www.wqbook.com
　　　　地　　　址:北京清华大学学研大厦 A 座　　　　邮　　编:100084
　　　　社 总 机:010-62770175　　　　　　　　　　邮　　购:010-62786544
　　　　投稿与读者服务:010-62776969,c-service@tup.tsinghua.edu.cn
　　　　质 量 反 馈:010-62772015,zhiliang@tup.tsinghua.edu.cn
　　　　课 件 下 载:http://www.tup.com.cn,010-62795954
印 刷 者:北京富博印刷有限公司
装 订 者:北京市密云县京文制本装订厂
经　　销:全国新华书店
开　　本:185mm×260mm　　　印　张:18.5　　　字　　数:451 千字
版　　次:2013 年 8 月第 1 版　　　　　　　印　　次:2013 年 8 月第 1 次印刷
印　　数:1～2500
定　　价:33.00 元

产品编号:053011-01

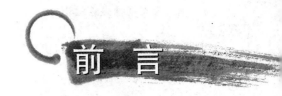

前 言

在日常生活以及商业应用领域，计算机平面图像处理的应用范围越来越广，而 Photo-shop 作为计算机平面图像处理最常用的工具，在很多领域被大量使用，例如电子商务、日常照片处理、平面广告制作等领域。

Photoshop 平面图像处理课程是高等学校计算机专业及非计算机专业的一门广受欢迎的公共选修课程。本书基于各参编教师的多年教学和工作经验，通过完整的体系化编排，介绍了平面图像处理的基本方法，具体到使用 Photoshop CS4 的方法，对图像进行处理的基本流程，在特定领域使用平面图像处理的基本要求。

本书适合作为高等学校计算机专业及非计算机专业的公共选修课教材，适用学时为 32 或 48 学时。

主要内容

全书共分 9 章：

第 1 章为理论基础，主要介绍平面图像处理的相关知识，以及 Photoshop CS4 的基本功能、基本使用方法和环境设置等。

第 2~8 章为 Photoshop CS4 在平面图像处理中的技能介绍以及实例训练，每章都配备了多个针对性强、有实际使用意义的实例。

第 9 章为综合训练，综合使用多种技能完成和实际工作结合紧密的多个实例。

本书特点

本书的主要特色在于，在各个知识点的介绍后，配以和实际工作结合紧密、紧扣知识点的实例，使得读者可以在学习知识点后立即进行针对性强的实例练习，加深对各知识点的熟练程度，并在实例中对常用功能使用命令、按钮及快捷键多种形式，便于学生在实例练习中掌握常用快捷键的使用，并可在实际工作环境中使用这些快捷键。本书涉及 Photoshop CS4 的常用方法和概念，力求让读者掌握最实用、最核心的技术和方法，通过实践加深对各知识点的理解。本书主要特色如下：

（1）循序渐进。本书由浅入深的叙述方式，适合初学者快速地学习到使用 Photoshop CS4 进行平面图像处理的基本方法。

（2）知识点与案例紧密结合。使得读者能够在学习知识点后立即得到训练，可以快速将学习到的知识点与实践相结合，快速地掌握对应技能，更加符合 Photoshop CS4 的学习规律。

（3）实例安排符合学习规律。实例除了与知识点紧密结合以外，还应用了常用技能、常用快捷键等,使得常用技能和快捷键在本书的学习中多次被使用,从而使读者不断地加深记忆。

教学资源

为了方便读者学习,本书的实例均配有对应的素材(可在清华大学出版社网站 http://www.tup.com.cn 下载)。读者通过书中的实例操作步骤,使用相关的素材,就能进行对应部分的实例操作练习。

章节编写

本书的参编人员都是工作于教学与科研一线的骨干教师,具有丰富的教学实践经验。本书由范瑜负责规划,具体分工如下:第1章和第9章由范瑜编写,第2章由徐春鸽编写,第3章由黎红编写,第4章由宋宇翔编写,第5章由刘潘梅编写,第6章由徐光明编写,第7章由梁广荣编写,第8章由徐瑾编写,最后由范瑜、宋宇翔、黎红统稿和审定。

由于编者水平有限,书中难免有不足之处,请广大读者批评指正。

编　者

2013 年 5 月

第 1 章

平面图像处理基础知识以及 Photoshop基本操作

本章学习目标：

- 图像与图形的区别；
- 图像常用参数；
- Photoshop CS4 基本界面；
- Photoshop CS4 基本操作。

Adobe 公司于 1990 年开始推出 Adobe Photoshop，经过不断完善，Photoshop 至今已成为当今世界上一流的图像设计与制作工具，其优越的性能令其他产品"望尘莫及"。目前，Adobe Photoshop 已成为出版界中图像处理的专业标准。

本章主要介绍平面图像处理的基础知识和 Photoshop CS4 的基本操作。

1.1 平面图像处理基础知识

在学习 Photoshop 之前，用户应该对计算机平面图像的概念以及常用概念有一个基本的了解，这样在以后的学习中才能更好地理解 Photoshop 的处理方法。

首先认识一下计算机内部图片的两种常见类型，即位图与矢量图。

1.1.1 位图与矢量图

用户在计算机上见到的画面主要有两种类型，即位图与矢量图。

位图又称为栅格图像、像素图、图像，它是由很多色块和像素点组成的图像，像素点是其最小的图像元素，这些不同颜色的点一行行、一列列整齐地排列起来，最终使人们看到了由这些不同颜色的点组成的画面，我们称之为图像。对于位图图像来说，单位尺寸上的像素点的数目决定了图像的清晰程度，单位尺寸上的像素点越多，图像越清晰，反之，单位尺寸上的像素点越少，图像越模糊。位图图像存储的大小与单位像素数目以及画面大小有着直接的关系，位图图像放大前后的效果如图 1-1 所示。

矢量图又称为向量图形、图形，它是用数学方式描述的线条和色块组成的图形，它在计算机内部存储为一系列的数值而不是由像素点组成的。矢量图的清晰程度与画面大小无关，例如，在计算机内部矢量图存储一条 1mm 的直线与存储一条 100m 的直线所占的空间

图 1-1　位图效果(放大 10 倍前后)

一致。由于矢量图的大小与画面大小无直接关系,所以使用某些矢量图绘制工具可以直接按照实际尺寸绘制模型,矢量图放大前后的效果对比如图 1-2 所示。

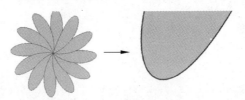

图 1-2　矢量图效果(放大 10 倍前后)

位图用不同颜色的像素点的排列来描述画面,在照片的某个点上,应该是什么颜色,就用相应颜色的像素点来记录。能不能用矢量图来记录照片呢,实际上也是可以的,无非是一个点一个点地建立数学的计算公式,细致地描述每一点的颜色、形状、位置。但是,这些颜色的变化太丰富,颜色点之间的跳跃非常激烈,没有一致的规律,因此,矢量图要按照每一个颜色点来建立数量较大的数学公式。而每一个数学公式的信息量肯定要大于一个像素的信息量,由此可知,这幅图片转换成矢量图以后比位图还要大得多,使计算机不堪重负。也就是说,位图一般大于矢量图,但并不是绝对的。

计算机的显示器通过网格上的"点"来显示成像,所以,用户在计算机上看到的图像(不论是位图还是矢量图)都是以像素来显示的。

Photoshop 主要用于图像处理(位图的处理),Photoshop 输出的图像也以位图图像为主。

1.1.2　图像像素与分辨率

位图是由像素组成的图像,像素是图像处理中最小的单元,像素包含以下两个属性:

(1) 位图图像中的每个像素点都具有特定的位置。

(2) 位图图像中的每个像素点都可以利用位分辨率度量颜色的深度。

一般情况下,除某些特殊标准外,像素都是正方形的,而且每个像素的大小都是完全相同的。在 Photoshop 中,位图图像由大量像素以行和列的方式排列而成,因此,位图图像通常表现为矩形外观。

像素数量的多少会直接影响到图像的质量。在一个单位长度之内,排列的像素多,表述的颜色信息多,这个图像就清晰;排列的像素少,表述的颜色信息少,这个图像就粗糙。这就是图像的精度,通常也称为图像的分辨率,图像的分辨率就是指在单位长度内含有的像素点的数目。

如果两幅图像的尺寸是相同的,但是分辨率相差很大,我们可以明显地感到:分辨率高的图像比分辨率低的图像要清晰。

图像的分辨率的单位是 dpi,即每英寸包含的像素数目(1 英寸=2.54 厘米),分辨率是指单位长度内排列像素的多少,因而,只有位图才有分辨率,矢量图不存在分辨率问题。

大家知道,在 1 英寸之内排列的像素越多,图像分辨率越高,图像也就越清晰。但是,我们不能一味地盲目增加像素,以提高分辨率。例如,将 1 英寸排列成 10 000 个像素是不行的。

实际上,图像分辨率的设定通常有以下规定。

- 铜版纸:300 dpi。
- 胶版纸:200 dpi。
- 新闻纸:150 dpi。
- 大幅面喷绘:以 90cm×120cm 展板为例,100 dpi 就已经足够。
- 计算机屏幕显示:72 dpi。

用户对这些数据应该熟记于心,在制作图像时根据输出的需要,从一开始建立新文件就要设定好所需的图像分辨率。

通常情况下,很多设备的分辨率也采用 dpi,例如显示器、打印机、数码相机、扫描仪等,对应的含义是单位尺寸面积上输出的点数和像素,与图像分辨率的区别在于,图像分辨率可以调整,而设备分辨率与硬件相关,无法随意修改。

图像除了有图像分辨率属性以外,还有一个属性,即图像的位分辨率。图像的位分辨率又称为位深,指的是每个像素存储信息的位数,该分辨率决定可以标记多少种色彩等级,通常有 8 位、16 位、24 位和 32 位。所谓的"位"指的是 2 的次方数,8 位也就是 2 的 8 次方,即 256,因此,8 位颜色深度的图像所能表现的色彩等级只有 256 级。

1.1.3　常用色彩模式

色彩在图像处理的方方面面都非常重要,而且人类对色彩的敏感度比对形状的敏感度要高,所以,色彩比形状更易于引起人的注意。

色彩模式决定了在图像中用来显示和印刷的色彩模式。在 Photoshop 中,色彩模式就是把色彩分解成几个不同的因素,由不同因素的多少来决定色彩的变化。

用户在进行图像处理时要接触各种各样的颜色,因此,必须了解各色彩模式之间的关系,下面介绍几种色彩模式。

1. RGB 模式

RGB 模式是由红、绿、蓝 3 种颜色的光线构成的,主要应用于显示器屏幕的显示,因此也被称为色光模式。

每一种颜色的光线从 0 到 255 被分成 256 阶,0 表示没有这种光线,255 表示这种光线最饱和的状态,由此形成了 RGB 模式。在该模式中,黑色是由于 3 种光线都不亮造成的,3 种光线两两相加,就形成了青色、洋红、黄色。光线越强,颜色越亮,最后,RGB 的 3 种光线和在一起成为白色,所以,RGB 模式又被称为加色法。图 1-3 所示为 RGB 模式的通道构成。

2. CMYK 模式

CMYK 模式是由青色、洋红、黄色、黑色 4 种颜色的油墨构成的,主要应用于印刷品,因此也被称为色料模式。

每一种油墨的使用量从 0％到 100％,由 C、M、Y 3 种油墨混合产生了更多的颜色,两两相加形成的正好是红、绿、蓝三色。由于 C、M、Y 3 种油墨在印刷中并不能形成纯正的黑色,因此需要单独的黑色油墨 K,由此形成 CMYK 模式。在该模式中,油墨量越大,颜色越重、越暗;反之,油墨量越少,颜色越亮。没有油墨的时候,用户看到的是什么都没有印上的白纸,所以 CMYK 模式又被称为减色法。图 1-4 所示为 CMYK 模式的通道构成。

图 1-3　RGB 模式(由红色 R、
绿色 G、蓝色 B 3 个通道构成)

图 1-4　CMYK 模式(由青色 C、洋
红 M、黄色 Y、黑色 K 4 个通道构成)

3. Lab 模式

Lab 模式是一种理论上记录光线色彩的模式。

Lab 颜色是由 R、G、B 三基色转换而来的,它是由 RGB 模式转换为 HSB 模式或 CMYK 模式的"桥梁"。该模式由一个发光率(Luminance)和两个颜色(a、b)轴组成。它由颜色轴所构成的平面上的环形线来表示色的变化,其中,径向表示色彩饱和度的变化,自内向外,饱和度逐渐增高;圆周方向表示色调的变化,每个圆周形成一个色环;而不同的发光率表示不同的亮度,并对应不同的环形颜色变化线。该模式是一种独立于设备的颜色模式,即不论使用任何一种监视器或者打印机,Lab 的颜色不变。其中,L 表示明度,a 表示从洋红到绿色的范围,b 表示黄色到蓝色的范围。图 1-5 为 Lab 模式的通道构成。

图 1-5　Lab 模式
(由明度 L、洋红到绿色
的范围 a、黄色到蓝色的
范围 b 3 个通道构成)

每一种颜色都有其相应的颜色范围,称为色域。在 RGB、CMYK 和 Lab 3 种色彩模式中,Lab 的色域最大,它包括了人眼所能看到的所有可见光。人们看到的颜色是按照波长来记录的,人的眼睛能够看到的是赤橙黄绿青蓝紫,在这些光线的两端还包括了红外线和紫外线,而这两种光线的波长过长或者过短,人眼是看不到的,也就被排除在 Lab 之外。换而言之,只要我们能看到的光线,Lab 都包括了。

在 Lab 中包括了 RGB 颜色,也就是说,RGB 的色域小于 Lab。这也同时告诉我们,不是什么颜色都能够在显示器上表现出来的,例如金色、某些荧光色等。

在 Lab 中的另外一个区域是 CMKY。总体上说,CMKY 的色域小于 RGB,这两种颜色的色域中相当大的一部分是重合的,但是 CMYK 中的某些颜色在 RGB 之外。这也就告诉我们,某些印刷的颜色在显示器上也不能正确反映。

在实际工作中,用户可能在屏幕上选择了非常满意的颜色,而这个颜色在 RGB 之内,在 CMYK 之外。当用户需要打印输出这张图像的时候,要注意的是,所有的打印机都是 CMYK 的,打印机会自动将 RGB 的颜色值转换为最接近的 CMYK 值。这一转换造成了打印颜色与显示颜色的明显色差,排除打印机、显示器等一切外在因素的误差,这种色差依然存在。因此,用户在制作图像的时候要按照输出的要求,正确地选择相应的色彩模式。

除了以上 3 种色彩模式之外,还有两种色彩模式,即灰度模式和位图模式。

4．灰度模式

在 RGB 色彩中,在 RGB 值相等的情况下显示的模式就是灰度模式。

所谓灰度色,就是指纯白、纯黑以及两者中的一系列从黑到白的过渡色。我们平常所说的黑白照片、黑白电视,实际上称为灰度照片、灰度电视才确切。灰度色中不包含任何色相,即不存在红色、黄色这样的颜色。灰度隶属于 RGB 色域(色域指色彩范围)。

我们已经知道,在 RGB 模式中三原色光各有 256 个级别。由于灰度的形成是 RGB 数值相等,而 RGB 数值相等的排列组合是 256 个,那么灰度的数量就是 256 级。其中,除了纯白和纯黑以外,还有 254 种中间过渡色,纯黑和纯白也属于反转色。通常灰度的表示方法是百分比,范围从 0%到 100%。在 Photoshop 中只能输入整数,注意这个百分比是以纯黑为基准的百分比。与 RGB 正好相反,百分比越高颜色越偏黑,百分比越低颜色越偏白。

灰度共有 256 级,但是由于 Photoshop 的灰度滑块只能输入整数百分比,因此,实际上只能从灰度滑块中选择出 101 种(0%也算一种)灰度。大家可以在灰度滑块中输入递增的数值,然后切换到 RGB 滑块查看,可以看到:0%灰度的 RGB 数值是 255,255,255;1%灰度的 RGB 数值是 253,253,253;2%灰度的 RGB 数值是 250,250,250。也就是说,252,252,252 这样的灰度是无法用 Photoshop 的灰度滑块选中的。

5．位图模式

位图模式用两种颜色(黑和白)来表示图像中的像素,位图模式的图像也称为黑白图像。因为其位深为 1,也称为一位图像。由于位图模式只用黑色和白色来表示图像的像素,在将图像转换为位图模式时会丢失大量细节,因此,Photoshop 提供了几种算法来模拟图像中丢失的细节。在宽度、高度和分辨率相同的情况下,位图模式的图像尺寸最小,约为灰度模式的 1/7 和 RGB 模式的 1/22 以下。

1.1.4　常见图像格式

在图像处理中,用户需要了解都有哪些格式的图像文件,这样在使用中才能根据它们的特点以及我们的需要来选择最合适的格式。

总的来说,有两种截然不同的图像格式类型,即有损压缩和无损压缩。

(1) 有损压缩:有损压缩可以减少图像在内存和磁盘中占用的空间,用户在屏幕上观看图像时,不会发现它对图像的外观产生了太大的不利影响。因为人的眼睛对光线比较敏感,光线对景物的作用比颜色的作用更为重要,这就是有损压缩技术的基本依据。

无可否认,利用有损压缩技术可以大大地压缩文件的数据,但是会影响图像质量。如果使用了有损压缩的图像仅在屏幕上显示,可能对图像质量影响不太大,至少对于人类眼睛的识别程度来说区别不大。但是,如果要把一幅经过有损压缩技术处理的图像用高分辨率打印机打印出来,那么图像质量就会有明显的受损痕迹。

(2) 无损压缩:无损压缩的基本原理是相同的颜色信息只需保存一次。从本质上看,无损压缩可以删除一些重复数据,大大减少要在磁盘上保存的图像尺寸。但是,无损压缩的方法并不能减少图像的内存占用量,这是因为,当从磁盘上读取图像时,软件会把丢失的像素用适当的颜色信息填充进来。如果要减少图像占用内存的容量,就必须使用有损压缩方法。

无损压缩方法的优点是能够比较好地保存图像的质量,但是相对来说这种方法的压缩率比较低。但是,如果需要把图像用高分辨率的打印机打印出来,最好还是使用无损压缩。几乎所有的图像文件都采用各自简化的格式名作为文件扩展名,从扩展名用户就可以知道这幅图像是按什么格式存储的,应该用什么样的软件读/写等。

在 Photoshop 中,常见的文件格式及其特点如下:

1. PSD 文件格式

PSD 是 Photoshop 图像处理软件的专用文件格式,文件扩展名为.psd,它可以支持图层、通道、蒙版和不同色彩模式的各种图像特征,是一种非压缩的原始文件保存格式。扫描仪不能直接生成该种格式的文件。PSD 文件有时容量会很大,但由于可以保留所有原始信息,在图像处理中对于尚未制作完成的图像,选用 PSD 格式保存是最佳的选择。

优点:可以保存部分作品的创建过程,便于再次修改;兼容性相当好;可以实施前端加网。

缺点:数据量庞大。

2. JPEG 文件格式

JPEG 是 Joint Photographic Experts Group(联合图像专家组)的缩写,文件扩展名为.jpg或.jpeg,它是最常用的图像文件格式,是一种有损压缩格式,能够将图像压缩在很小的储存空间,图像中重复或不重要的资料会丢失,因此容易造成图像数据的损失。但是 JPEG 压缩技术十分先进,它用有损压缩方式去除冗余的图像数据,在获得极高的压缩率的同时能展现十分丰富生动的图像,换句话说,就是可以用最少的磁盘空间得到较好的图像品质。

JPEG 格式压缩的主要是高频信息,对色彩的信息保留较好,适合应用于互联网,可减少图像的传输时间,可以支持 24bit 真彩色,也普遍应用于需要连续色调的图像。

JPEG 格式是目前网络上最流行的图像格式,是可以把文件压缩到最小的格式,在 Photoshop 软件中以 JPEG 格式存储时,提供 11 级压缩级别,以 0~10 级表示。其中,0 级压缩比最高,图像品质最差。即使采用细节几乎无损的 10 级质量保存,压缩比也可达 5∶1。例如,以 BMP 格式保存时得到 4.28MB 图像文件,在采用 JPG 格式保存时,其文件仅为 178KB,压缩比达到 24∶1。经过多次比较,采用第 8 级压缩为存储空间与图像质量兼得的最佳比例。

优点：摄影作品或写实作品支持高级压缩；利用可变的压缩比可以控制文件大小；支持交错（对于渐近式 JPEG 文件）；JPEG 广泛支持 Internet 标准。

缺点：有损压缩会使原始图片数据的质量下降；当编辑和重新保存 JPEG 文件时，JPEG 会混合原始图片数据的质量下降，这种下降是累积性的；JPEG 不适用于所含颜色很少、具有大块颜色相近的区域或亮度差异十分明显的较简单的图片。

3. BMP 文件格式

BMP 是一种与硬件设备无关的图像文件格式，使用非常广。它采用位映射存储格式，除了图像深度可选以外，不采用其他任何压缩，因此，BMP 文件所占用的空间很大。BMP 文件的图像深度可选 1 bit、4 bit、8 bit 及 24 bit。BMP 文件在存储数据时，图像的扫描是按从左到右、从下到上的顺序扫描的。

由于 BMP 文件格式是 Windows 环境中交换与图有关的数据的一种标准，因此，在 Windows 环境中运行的图形图像软件都支持 BMP 图像格式。

优点：BMP 支持 1 位到 24 位颜色深度；BMP 格式与现有 Windows 程序（尤其是较旧的程序）广泛兼容。

缺点：BMP 不支持压缩，会造成文件非常大；BMP 文件不受 Web 浏览器支持。

4. TIFF 文件格式

TIFF（Tag Image File Format）图像文件是由 Aldus 和 Microsoft 公司为桌上出版系统研制开发的一种较为通用的图像文件格式，其扩展名为 .tif 或者 .tiff。TIFF 支持多种编码方法，包括 RGB 无压缩、RLE 压缩及 JPEG 压缩等。TIFF 是现存图像文件格式中最复杂的一种，它具有扩展性、方便性、可改性，可以提供给 IBM PC 等环境中运行的图像编辑程序。TIFF 格式灵活多变，它又定义了四类不同的格式：TIFF-B 适用于二值图像；TIFF-G 适用于黑白灰度图像；TIFF-P 适用于带调色板的彩色图像；TIFF-R 适用于 RGB 真彩图像。

优点：TIFF 是被广泛支持的格式，尤其是在 Macintosh 计算机和基于 Windows 的计算机之间；支持可选压缩；可扩展格式支持许多可选功能。

缺点：TIFF 不受 Web 浏览器支持；可扩展性会导致许多不同类型的 TIFF 图片；并不是所有 TIFF 文件都与所有支持基本 TIFF 标准的程序兼容。

5. GIF 文件格式

GIF（Graphics Interchange Format）的中文名称是“图像互换格式”，它是 CompuServe 公司在 1987 年开发的图像文件格式。GIF 文件的数据采用一种基于 LZW 算法的连续色调的无损压缩格式，其压缩率一般在 50% 左右，它不属于任何应用程序。目前，几乎所有的相关软件都支持它，公共领域有大量的软件在使用 GIF 图像文件，其扩展名为 .gif。

GIF 图像文件的数据是经过压缩的，且采用了可变长度等压缩算法。所以，GIF 的图像深度从 1bit 到 8bit，即 GIF 最多支持 256 种色彩的图像。GIF 格式的另一个特点是其在一个 GIF 文件中可以保存多幅彩色图像，如果把保存在一个文件中的多幅图像数据逐幅读出并显示到屏幕上,即可构成一种最简单的动画。

优点:GIF 广泛支持 Internet 标准;支持无损压缩和透明度;GIF 动画很流行,易于使用许多 GIF 动画程序创建。

缺点:GIF 只支持 256 色调色板,因此,详细的图片和写实摄影图像会丢失颜色信息,而看起来却是经过调色的;在大多数情况下,无损压缩效果不如 JPEG 格式或 PNG 格式;GIF 支持有限的透明度,没有半透明效果或褪色效果(例如,Alpha 通道透明度提供的效果)。

6. PNG 文件格式

PNG(Portable Network Graphics)的中文名称为"可移植性网络图像",它是网上较新的图像文件格式。PNG 能够提供长度比 GIF 小 30％的无损压缩图像文件。它同时提供 24 位和 48 位真彩色图像支持以及其他诸多技术性支持。由于 PNG 非常新,所以,目前并不是所有的程序都可以用它来存储图像文件,但 Photoshop 可以处理 PNG 图像文件,也可以用 PNG 图像文件格式存储。

优点:PNG 支持高级别无损压缩;PNG 支持 Alpha 通道透明度;PNG 支持伽玛校正;PNG 支持交错;PNG 受最新的 Web 浏览器支持。

缺点:较旧的浏览器和程序可能不支持 PNG 文件;作为 Internet 文件格式,与 JPEG 的有损压缩相比,PNG 提供的压缩量较少;作为 Internet 文件格式,PNG 对多图像文件或动画文件不提供任何支持;GIF 格式支持多图像文件和动画文件。

7. PCX 文件格式

PCX 图像文件的形成是有一个发展过程的,最先的 PCX 雏形出现在 ZSOFT 公司推出的名为 PC PAINBRUSH 的用于绘画的商业软件包中,之后,微软公司将其移植到 Windows 环境中,成为 Windows 系统的一个子功能。它先在微软的 Windows 3.1 中广泛应用,随着 Windows 的流行、升级,加之其强大的图像处理能力,使 PCX 和 GIF、TIFF、BMP 图像文件格式一起,被越来越多的图形图像软件工具所支持,也越来越得到人们的重视。

PCX 是计算机画笔的图像文件格式。PCX 的图像深度可选为 1bit、4bit、8bit。由于这种文件格式出现较早,它不支持真彩色。PCX 文件采用 RLE 行程编码,文件体中存放的是压缩后的图像数据。因此,用户在将采集到的图像数据写成 PCX 文件格式时,要对其进行 RLE 编码;而读取一个 PCX 文件时,首先要对其进行 RLE 解码,然后才能进一步显示和处理。

优点:PCX 在许多基于 Windows 的程序和基于 MS-DOS 的程序间是标准格式;PCX 支持内部压缩。

缺点:PCX 不受 Web 浏览器支持。

1.1.5 Photoshop 的应用领域

Photoshop 的应用领域是很广泛的,在图像处理、视频、出版等方面都有涉及。Photoshop 的专长在于图像处理,而不是图形创作,图像处理是对已有的位图图像进行编辑加工处理以及运用一些特殊效果,其重点在于对图像的处理加工。

1. 平面设计

平面设计是 Photoshop 应用最为广泛的领域，无论是图书封面，还是大街上随处可见的招贴、海报，这些具有丰富图像的平面印刷品，基本上都需要使用 Photoshop 软件对图像进行处理。

2. 修复照片

Photoshop 具有强大的图像修饰功能。利用这些功能，用户可以快速地修复一张破损的老照片，也可以修复照片中人脸上的斑点等缺陷。随着数码电子产品的普及，图形图像处理技术被越来越多的人应用，例如用来美化照片、制作个性化影集、修复已经破损的图片等。

3. 广告摄影

广告摄影作为一种对视觉要求非常严格的工作，其最终成品往往要经过 Photoshop 的修改才能得到满意的效果。广告的构思与表现形式是密切相关的，有了好的构思需要通过软件来完成它，而大多数广告是通过图像合成与特效技术完成的。通过这些技术手段可以更加准确地表达出广告的主题。

4. 包装设计

包装作为商品的第一形象最先展现在顾客的眼前，被称为"无声的销售员"，只有在顾客被商品包装吸引并进行查阅后，才会决定会不会购买，可见包装设计是非常重要的。

图像合成和特效的运用使得商品在琳琅满目的货架上越发显眼，达到吸引顾客的效果。

5. 插画设计

Photoshop 使很多人开始采用计算机图形设计工具创作插图，计算机图形软件使他们的创作才能得到了更大的发挥，无论简洁还是繁复绵密，无论传统媒介效果（如油画、水彩、版画风格）还是数字图形无穷无尽的新变化、新趣味，都可以更方便、更快捷地完成。

6. 影像创意

影像创意是 Photoshop 的特长，通过 Photoshop 的处理，可以将原本不相干的对象组合在一起，也可以使用特效使图像发生较大的变化。

7. 艺术文字

利用 Photoshop 可以使文字发生各种各样的变化，并利用这些艺术化处理后的文字为图像增加效果。利用 Photoshop 对文字进行创意设计，可以使文字变得更加美观，个性极强，使得文字的感染力大大增强。

8. 网页制作

网络的普及是促使更多人想要掌握 Photoshop 的一个重要的原因，因为在制作网页时

Photoshop 是必不可少的图像处理软件。

9．后期修饰

在制作建筑效果图（包括许多三维场景）时，人物与配景（包括场景的颜色）经常需要在
Photoshop 中增加并调整。

10．绘画

由于 Photoshop 具有良好的绘画与调色功能，许多插画制作者往往先使用铅笔绘制草
稿，然后用 Photoshop 填色的方法来绘制插画。

除此之外，近些年来非常流行的像素画也多为设计师使用 Photoshop 制作。

11．动漫设计

动漫设计近些年来十分盛行，有越来越多的爱好者加入动漫设计的行列，Photoshop 软
件的强大功能使得它在动漫行业有着重要的位置，从最初的形象设定到最后的渲染输出都
离不开它。

12．处理三维贴图

在三维软件中，如果能够制作出精良的模型，而无法为模型应用逼真的贴图，也无法得
到较好的渲染效果。实际上，在制作材质时，除了要依靠软件本身具有的材质功能以外，利
用 Photoshop 制作在三维软件中无法得到的合适的材质也非常重要。

13．婚纱照片设计

现在，越来越多的婚纱影楼开始使用数码相机，这使得婚纱照片设计的处理成为一个新
兴的行业。

14．视觉创意与设计

视觉创意与设计是设计艺术的一个分支，此类设计通常没有非常明显的商业目的，但由
于它为广大设计爱好者提供了广阔的设计空间，因此，越来越多的设计爱好者开始学习，并
进行具有个人特色与风格的视觉创意。视觉设计给观者以强大的视觉冲击力，引发观者的
无限联想，给读者视觉上极高的享受。制作这类作品的主要工具是 Photoshop。

15．图标制作

虽然使用 Photoshop 制作图标在感觉上有些大材小用，但使用此软件制作的图标非常
精美。

16．界面设计

界面设计是一个新兴的领域，已经受到越来越多的软件企业及开发者的重视，虽然它暂
时还未成为一种全新的职业，但相信不久一定会出现专业的界面设计师职业。在当前还没
有用于做界面设计的专业软件，绝大多数设计者使用的都是 Photoshop 软件。

　　如果用户经常上网,会看到很多界面设计很朴素,给人一种舒服的感觉;有的界面也很有创意,能给人带来视觉的冲击。界面设计,既要从外观上进行创意以达到吸引人的目的,还要结合图形和版面设计的相关原理,从而使界面设计变成独特的艺术。

　　为了使界面效果满足人们的要求,需要设计师在界面设计中用到图形合成等效果,再配上特效的使用使其变得更加精美。

　　上面列出了 Photoshop 软件应用的 16 大领域,但实际上其应用不止这些。例如,影视后期制作及二维动画制作,该软件也是有所应用的。

1.2　Photoshop CS4 基本工作环境

　　如果要使用 Photoshop,用户首先需要了解软件的界面,熟悉软件的界面布局和每个部分的相关作用,以及工具栏和浮动面板的基本使用方法,为以后的操作打下基础。

　　下面首先看一下,Photoshop CS4 对系统的需求。

1.2.1　运行环境需求

在此介绍 Photoshop CS4 对 Windows 操作系统和 Mac OS 操作系统的运行环境需求。

1. Windows 操作系统

Photoshop CS4 对 Windows 操作系统的运行环境需求如下:

- 1.8GHz 或更快的处理器;
- 512MB 内存(推荐 1GB);
- 1GB 可用硬盘空间,用于安装,安装过程中需要额外的可用空间(无法安装在基于闪存的设备上);
- DVD-ROM 驱动器;
- 1024×768 屏幕(推荐 1280×800),16 位显卡;
- 某些 GPU 加速功能需要 Shader Model 3.0 和 OpenGL 2.0 图形支持;
- DVD-ROM 驱动器;
- Shader Model 3.0;
- 需要 QuickTime 7.2 软件以实现多媒体功能;
- 在线服务需要宽带 Internet 连接。

2. Mac OS 操作系统

Photoshop CS4 对 Mac OS 操作系统的运行环境需求如下:

- PowerPC G5 或多核 Intel 处理器;
- Mac OS X 10.4.11 - 10.5.4 版;
- 512MB 内存(推荐 1GB);
- 2GB 可用硬盘空间,用于安装,在安装过程中需要额外的可用空间(无法安装在使用区分大小写的文件系统的卷或基于闪存的设备上);

- DVD-ROM 驱动器；
- 1024×768 屏幕（推荐 1280×800），16 位显卡；
- 某些 GPU 加速功能需要 Shader Model 3.0 和 OpenGL 2.0 图形支持；
- DVD-ROM 驱动器；
- 需要 QuickTime 7.2 软件以实现多媒体功能；
- 在线服务需要宽带 Internet 连接。

1.2.2　Photoshop CS4 的工作界面

安装完成 Photoshop CS4 后，双击桌面上的快捷方式，或单击 Windows 任务栏上的"开始"按钮，在"所有程序"菜单中选择 Adobe Photoshop CS4 命令即可启动 Photoshop，打开如图 1-6 所示的工作界面。

图 1-6　Photoshop CS4 的工作界面

Photoshop CS4 的工作界面主要由标题栏、菜单栏、工具箱、属性栏、浮动面板、文档窗口和状态栏几个部分组成，下面逐一进行介绍。

1. 标题栏

标题栏位于工作界面的顶部右侧，如图 1-7 所示，主要用于显示 Photoshop 软件的常用快捷方式和右侧的 3 个窗口操作按钮。

图 1-7　标题栏

- ▢ "最小化"按钮：可将软件窗口最小化。
- ▢ "最大化"按钮：可将软件窗口最大化。

- ⊠ "关闭"按钮：可将软件窗口关闭。

2．菜单栏

菜单栏如图 1-8 所示，它包括"文件"、"编辑"、"图像"等 11 个菜单。

| 文件(F) 编辑(E) 图像(I) 图层(L) 选择(S) 滤镜(T) 分析(A) 3D(D) 视图(V) 窗口(W) 帮助(H) |

图 1-8　菜单栏

- "文件"菜单：包括了常见的文件操作，例如图像文件的建立、打开、关闭、保存以及页面设置和打印等，除此之外，还包括了 Photoshop 处理文件的特殊操作。其中，"恢复"命令用于将当前编辑的文件恢复为上一次存盘时的状态。
- "编辑"菜单：包含了一系列编辑、修改选定对象（可能是整个图像、图层，也可能是图层中某一被选定的部分）的各种操作命令，其中，"自由变换"和"变换"两个命令在实际工作中经常用到。
- "图像"菜单：包括了各种调整图像颜色、图像颜色模式以及画布的各种操作命令，主要用于分析、修改和调节图像的颜色、尺寸，改变图像的模式。
- "图层"菜单：提供了丰富的图层管理功能，包括对图层进行各种操作的命令，例如图层的建立、删除、存储、拼合、合并等，以及"图层样式"和"图层蒙版"中较重要的命令。
- "选择"菜单：提供了选择对象以及编辑、修改所选对象的一系列命令，主要用于选定图像的某一区域或整体，其中，"修改"是较为重要的命令。
- "滤镜"菜单：包含各种用于对图像进行特效处理的滤镜，它是 Photoshop 的重点所在。
- "分析"菜单（Photoshop CS4 Extends 版本）：提供了多种度量工具。
- "3D"菜单（Photoshop CS4 Extends 版本）：提供了处理和合并现有的 3D 对象、创建新的 3D 对象、编辑和创建 3D 纹理、组合 3D 对象及 2D 图像的命令。
- "视图"菜单：提供了各种改变当前视图的命令和创建新视图的命令，主要用于对图像窗口的缩放进行控制，显示或隐藏参考线、标尺，提供栅格功能等。
- "窗口"菜单：提供了控制工作环境中窗口的命令，主要用于打开或隐藏 Photoshop 的各种功能面板、重新组织窗口的排列、控制状态栏的显示等。
- "帮助"菜单：为用户提供各种帮助。

3．工具箱

工具箱是用于存放图像操作工具的窗口，Photoshop CS4 工具箱中提供了选框、移动、污点修复、画笔、铅笔、直线、文本、图章、橡皮擦、渐变、油漆桶、模糊、锐化、涂抹、加深、减淡、海绵等六十多种工具。

在工具箱中，对于所有类似于 ⚄ 的按钮，都可以使用鼠标左键按住不放，打开一系列对应的工具组合，如图 1-9 所示。

图 1-9　工具组合

4．属性栏

属性栏位于菜单栏的下面，主要针对不同工具设置对应的参数，例如使用"画笔工具"时，可以在属性栏中设置笔刷的大小、形状、透明度及流量等关于画笔工具的属性，如图 1-10 所示。

图 1-10　属性栏

5．浮动面板

Photoshop CS4 默认提供了 12 个浮动面板，分别是颜色、色板、样式、调整、蒙版、图层、通道、路径、历史记录、动作、画笔、仿制源，用户可通过单击面板上方深灰色区域的双箭头标记 将面板展开或隐藏，图 1-11 所示就是面板展开和隐藏的两种状态。

如果需要打开其他浮动面板，可使用"窗口"菜单，在其中选择需要使用的浮动面板即可打开对应的浮动面板。

图 1-11　浮动面板的两种状态

6．文档窗口

文档窗口是对图像进行浏览和编辑操作的主要场所，如图 1-12 所示。

图 1-12　文档窗口

在文档窗口的顶部会显示类似于"相关窗口文件的名称@缩放比例（色彩模式/图像位深度）"的信息，在操作文件时，用户需要留意这些信息，防止色彩模式或图像位深度的错误。

7. 状态栏

状态栏位于文档窗口的左下角，如图 1-13 所示，用于显示当前图像的缩放比例、文件大小以及当前使用工具的简要说明等信息，在最左端的文本框中输入数值，然后按 Enter 键，就可以改变文档窗口的缩放比例。

图 1-13　状态栏

1.2.3　自定义 Photoshop CS4 工作环境

前面介绍的是 Photoshop CS4 默认的工作环境，除此之外，Photoshop CS4 还允许用户自定义工作环境。

1. 常规设置

用户可通过选择菜单"编辑"→"首选项"→"常规"命令，打开如图 1-14 所示的对话框，在"常规"选项页中，可设置拾色器、图像插值等常见的调整选项，如果修改了其他首选项属性，需要将其修改为默认的状态，此时单击该设置中的"复位所有警告对话框"按钮进行复位即可。

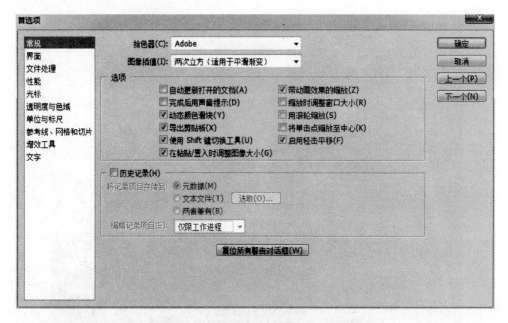

图 1-14　"首选项"下的"常规"选项页

2. 界面设置

在图 1-14 所示的常规设置中,用户可在左侧位置直接单击"界面"选项,或通过选择菜单"编辑"→"首选项"→"界面"命令,打开图 1-15 所示的"界面"选项页,在其中针对 Photoshop CS4 的界面颜色、面板和文档窗口以及语言进行设置。

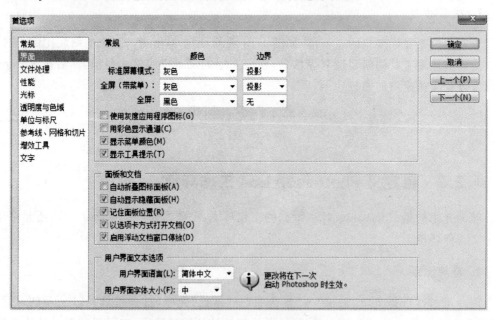

图 1-15　"首选项"下的"界面"选项页

3．单位与标尺设置

在此，单位指度量图像尺寸的度量衡单位，而使用标尺则可以帮助用户在 Photoshop 中精确地定位图像，图 1-16 所示为"单位与标尺"选项页。

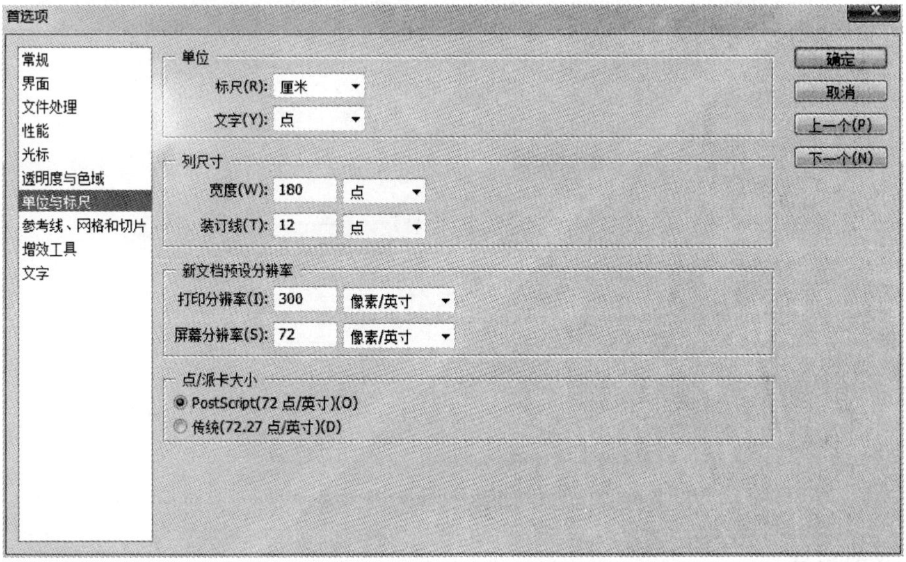

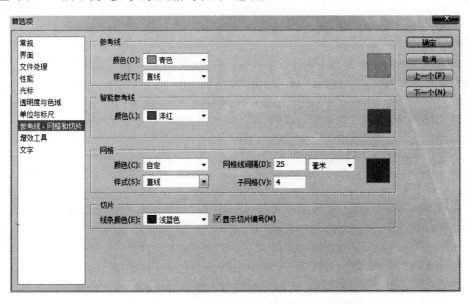

图 1-16　"首选项"下的"单位与标尺"选项页

4．参考线、网格和切片设置

参考线设置包括参考线线型和颜色的设置，网格设置包括网格颜色、线型、密度和单位等设置，图 1-17 所示为"参考线、网格与切片"选项页。

图 1-17　"首选项"下的"参考线、网格和切片"选项页

5. 性能设置

Photoshop CS4 使用了图像缓存技术，以加速屏幕图像的刷新速度，设置"性能"选项页中的内存属性能够改变 Photoshop 使用的物理内存数量，如图 1-18 所示。

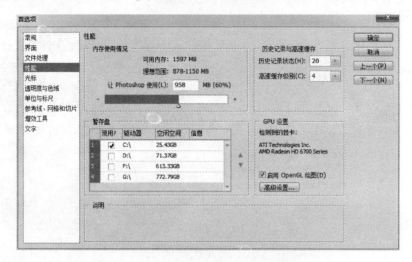

图 1-18　"首选项"下的"性能"选项页

6. 其他设置

用户在使用 Photoshop 的过程中，还可以设置其他参数，例如光标、文件处理、透明度与色域、增效工具、文字等。

7. 工作区设置

通过菜单"窗口"→"工作区"，用户可选择 Photoshop CS4 中系统默认的多种工作区环境，也可在修改后，通过"工作区"中的"基本功能（默认）"命令，如图 1-19 所示，将此时的工作区修改为默认状态。

除了上述方法以外，通过屏幕右上角区域、"最小化"按钮左侧的下拉菜单，用户可以直接选择对应的布局模式，如图 1-20 所示。

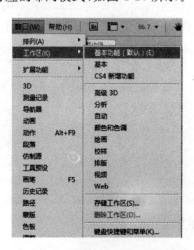

图 1-19　恢复默认工作区设置(1)　　　　图 1-20　恢复默认工作区设置(2)

1.2.4 文件的基本操作

接下来学习如何在 Photoshop CS4 中对文件进行基本操作。

1. 新建文件

选择菜单"文件"→"新建"命令(或者按快捷键 Ctrl+N),可以进行新建文件的操作,此时会出现如图 1-21 所示的"新建"对话框。在此对话框中,需要设置的是文件的名称、宽度和高度、分辨率、颜色模式和位深、背景内容。另外,在下侧的"高级"位置单击,展开高级选项,还可以设置颜色配置文件、像素长宽比属性。

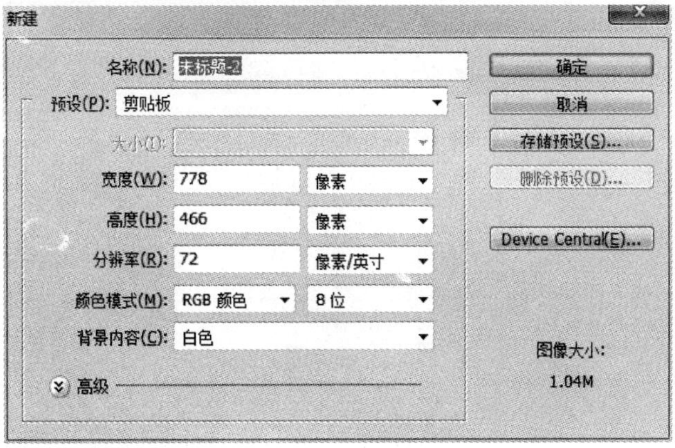

图 1-21 "新建"对话框

2. 打开文件

选择菜单"文件"→"打开"命令(或者按快捷键 Ctrl+O),可以打开不同文件格式的图像,而且可以同时打开多个图像文件,如图 1-22 所示。

3. 置入文件

在 Photoshop CS4 中可以置入和导入其他程序设计的矢量图形文件,例如 Adobe Illustrator 图像处理软件设计的 AI 文件,以及其他符合需要格式的位图图像(EPS、PDF 等文件)。但是,用户需要注意的是,外部的矢量图形文件置入到 Photoshop 中后,会自动转换为位图。

如果需要置入外部文件,可以使用菜单"文件"→"置入"命令,在打开的"置入"对话框中选择需要置入的文件,然后单击"置入"按钮置入外部文件。

置入文件和打开文件非常相似,都是将外部文件添加到当前操作中,但"打开"命令打开的文件单独位于一个独立的窗口,而置入的图片将自动添加到当前图像编辑窗口中。

4. 存储文件

在 Photoshop CS4 中,存储文件有"存储"和"存储为"两个命令。

图 1-22　"打开"对话框

"存储"命令的作用是按原文件名和类型进行文件保存,文件保存在原位置。

"存储为"命令的作用是将修改后的文件保存在其他位置或保存为其他的文件名或文件类型,图 1-23 所示为"存储为"对话框(如果保存的文件是新建的文件,则选择"存储"和"存储为"命令均会打开如图 1-23 所示的对话框)。

5．关闭文件

在完成对文件的操作编辑后,用户可以使用下列方法将文件关闭:

(1) 选择菜单"文件"→"关闭"命令(或按快捷键 Ctrl+W),可以关闭当前文件。

(2) 如果同时需要关闭多个文件,选择菜单"文件"→"关闭全部"命令(或按快捷键 Ctrl+Alt+W),可以关闭所有打开的文件(或者单击 Photoshop CS4 右上角的"关闭"按钮,直接将 Photoshop CS4 关闭)。

(3) 选择菜单"文件"→"关闭并转到 Bridge"命令(或按快捷键 Ctrl+Shift +W),可以关闭当前文件,并打开 Adobe Bridge CS4。

(4) 选择菜单"文件"→"退出"命令(或按快捷键 Ctrl+Q),可以直接关闭所有打开的文件,并退出 Photoshop CS4。

图 1-23　"存储为"对话框

1.2.5　查看图像

1. 更改屏幕模式

Photoshop CS4 提供了 3 种供用户选择的屏幕模式：标准屏幕模式、带有菜单栏的全屏模式、全屏模式。Photoshop CS4 在默认情况下采用的是标准屏幕模式，用户可通过以下方法修改屏幕模式：

（1）选择菜单"视图"→"屏幕模式"命令，然后选择合适的屏幕模式即可修改。

（2）通过菜单栏右侧的按钮 ，选择需要的屏幕模式。

（3）最快捷、方便的方法是，在 Photoshop CS4 界面中按快捷键 F，直接在 3 种屏幕模式之间进行切换。

2. 更改文档窗口

用户可以通过菜单"窗口"→"排列"下的命令修改文档窗口的排列方式，还可以将已经打开的图像重新新建窗口（方便图像处理中进行前后对比），菜单选项如图 1-24 所示。

图 1-24　更改文档窗口排列

3．更改图像显示比例

更改图像的显示比例，图像的实际大小并不会改变，用户可以使用多种方法更改图像的显示比例，即放大或缩小视图。在窗口的标题栏中会显示缩放百分比（除非窗口太小，放不下显示内容），窗口底部的状态栏中也会显示缩放百分比。

在 Photoshop CS4 中，修改图像的显示比例的方法如下。

（1）使用缩放工具更改图像显示：默认情况下，缩放工具处于放大状态（按键盘上的 Alt 键可以直接转换为缩小状态），用户可以在属性栏上选择不同的选项，对缩放工具进行调整。使用缩放工具可采用单击方式（在放大状态下，在画面上单击，可以以单击点为中心放大）或框选方式（按住鼠标左键在画面上框选一个区域，将此区域放大至窗口大小），后面的 4 个按钮分别可以调整图像显示至实际像素大小、适合屏幕的大小（图像在整个屏幕中显示完整，屏幕可能留有空白）、填充整个屏幕（整个屏幕被图像填充满，图像未必显示完整）、打印尺寸大小，如图 1-25 所示。

图 1-25　"缩放工具"属性栏

（2）使用预设百分比更改图像显示：直接在状态栏左侧的文本框中输入具体的缩放百分比，就可以更改图像的显示比例。

（3）使用导航器面板更改图像显示：使用菜单"窗口"→"导航器"命令显示或隐藏导航器面板（见图 1-26），在该面板中拖曳红色矩形可调整视角中心，通过调整其下侧的百分比或拖动条，可以更改图像的显示比例。

图 1-26　导航器面板

4．调整图像视口中心

除了使用导航器面板调整视口中心的位置外，还可以使用工具箱上的抓手工具 直接在文档窗口上对图像进行拖曳，调整视口中心的位置。

抓手工具同样拥有自身的属性栏，和缩放工具类似。

5．按 100% 比例查看图像

在使用 Photoshop 进行图像处理时，用户经常需要将图像按 100% 比例显示，下面是常用方法：

（1）在文档状态栏的文本框中输入 100%；

（2）选择缩放工具或抓手工具，然后单击顶部属性栏中的"实际像素"按钮；

（3）选择菜单"视图"→"实际像素"命令；

（4）双击工具箱中的缩放工具；

（5）按快捷键 Ctrl+1。

6．使图像适合屏幕大小

有时，用户需要使图像以适合屏幕大小显示，可通过以下 4 种方法实现：

（1）选择缩放工具或抓手工具，然后单击顶部属性栏中的"适合屏幕"按钮；

（2）选择菜单"视图"→"按屏幕大小缩放"命令；

（3）双击工具箱中的抓手工具；

（4）按快捷键 Ctrl+0。

1.3　Photoshop CS4 基本编辑方法

本节学习 Photoshop CS4 的基本编辑方法，通过本节的学习，用户能够进一步熟悉 Photoshop CS4 的工作界面，掌握图像编辑的一般方法，为以后进一步学习打下基础。

首先，学习对图像和画布的调整方法：

1.3.1　调整图像大小

如果现有图像的尺寸和分辨率不符合用户的要求，可以使用菜单"图像"→"图像大小"命令（或按快捷键 Ctrl+Alt+I）打开"图像大小"对话框（见图 1-27）进行设置，即调整图像的像素大小、打印尺寸和分辨率。

在"图像大小"对话框中，用户可以清楚地看到当前图像的各项参数，改变这些参数有以下三条基本原则：

（1）像素宽度、高度的数量与图像的输出尺寸、文件容量成正比，与图像的分辨率没有关系。也就是说，改变像素宽度、高度的数量只改变图像的尺寸，并没有改变图像的分辨率。

（2）图像的分辨率与像素宽度、高度的数量以及文件容量成正比，与图像尺寸没有关系。也就是说，改变图像的分辨率只改变

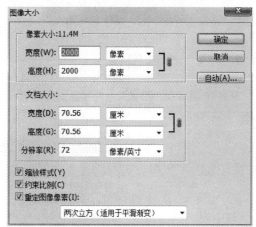

图 1-27　"图像大小"对话框

分辨率,并没有改变图像的尺寸。

(3) 锁定像素宽度、高度的参数不变,图像的尺寸与分辨率成反比。

根据这三条原则,在将一个图像从小尺寸变为大尺寸的时候,就要增加新的像素;在对一个低分辨率的图像提高分辨率的时候,也要增加新的像素。这些新增加进来的像素,我们称为"插值"。

在 Photoshop 中有 3 种不同的插值方式:二次立方、二次线性和邻近方式(可通过选择菜单"编辑"→"首选项"→"常规"命令,打开相应选项页进行设置)。

1.3.2   调整画布大小

在实际操作中,画布指的是实际打印的工作区域,对画布的调整会直接影响最终的输出设置(在画布大小调整中,原图像的像素、分辨率不会被修改)。

使用菜单"图像"→"画布大小"命令(或快捷键 Ctrl+Alt+C)可以按指定方向增大围绕现有图像区域的工作空间,或通过减少画布尺寸来裁剪掉图像的指定方向边缘,还可以设置增大的图像边缘的颜色,默认情况下添加的画布颜色由背景颜色确定。执行命令后,会打开如图 1-28 所示的对话框,在该对话框中可设置方向和对应参数。

图 1-28   "画布大小"对话框

1.3.3   旋转图像

通过使用菜单"图像"→"图像旋转"中的命令,如图 1-29 所示,可以旋转或翻转整个图像。

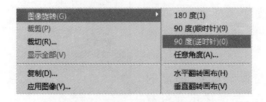

图 1-29   "图像旋转"子菜单

注意：该子菜单中的命令不适用于图层、路径及选区，如果用户需要旋转选区或图层，可使用"变换"或"自由变换"命令。

1.3.4 复制图像

使用菜单"图像"→"复制"命令，可以打开图 1-30 所示的对话框，将当前图像复制得到一个完全一致的图像副本。

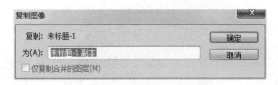

图 1-30 "复制图像"对话框

注意：副本和源图像是两个不同的图像文件，相互之间无直接关联，如果通过菜单"窗口"→"排列"→"新建窗口"命令得到新窗口，则两个窗口中是一个文件。

1.3.5 裁剪图像

打开图像后，用户经常需要解决的问题是，图像中有一部分是不需要保留的，也就是说只需要保留图像中的某些部分，此时可以使用裁剪功能裁剪图像。

如果需要裁剪图像，可以通过以下两种方式完成：

（1）选择工具箱中的裁剪工具 ，使用框选的方式，将需要保留下来的部分框选上，然后按键盘上的 Enter 键，图像即可被裁剪为保留的部分。

（2）使用工具箱中的选框工具，将需要保留的部分创建为选区，然后使用菜单"图像"→"裁剪"命令，将其他区域裁剪掉（注意：由于位图是由矩形像素点按行和列排列构成的，所以其他形状的选区，裁剪后得到的图像一定是矩形）。

1.3.6 使用辅助工具

在使用 Photoshop CS4 进行图像处理时，使用辅助工具能够大大地提高工作效率以及对象在图像文件中的对齐程度等。在 Photoshop CS4 中，辅助工具主要有标尺、网格和参考线，这些辅助工具只是用来辅助作图，不会被输出。

1. 标尺

标尺显示了当前图像正在应用的测量系统，可以帮助用户确定窗口中任何对象的位置以及大小，用户可以通过菜单"视图"→"标尺"或者快捷键 Ctrl＋R 打开或隐藏标尺。图 1-31所示为在可视状态下，标尺出现在窗口的顶端和左侧。

标尺原点默认在屏幕的左上角，用户可以通过拖曳左上角白色矩形的方法来改变标尺的坐标原点。

2. 网格

网格是由一系列的水平线和横线构成的，经常被用来绘制图像以及对齐窗口中的对象，

图 1-31　标尺

如图 1-32 所示。默认状态下,网格是隐藏的,如果需要显示网格,可以使用菜单"视图"→
"显示"→"网格"命令(或快捷键 Ctrl ＋')显示。

图 1-32　显示网格后的效果

3. 参考线

参考线是浮在整个图像上、不能够被打印的水平或竖直直线,通常被用来对齐或定位对象。在图 1-33 中,两条浅蓝色的线条就是参考线。

图 1-33　参考线

创建参考线的方法如下:

(1) 使用菜单"视图"→"新建参考线"命令,打开图 1-34 所示的对话框,可以按照固定距离添加参考线到窗口。

(2) 在标尺上按下鼠标左键,然后拖曳到文档窗口内部释放,也可得到参考线。

图 1-34　"新建参考线"对话框

删除或隐藏参考线的方法如下:

(1) 如果要删除窗口中的所有参考线,可以使用菜单"视图"→"清除参考线"命令,将窗口中所有的参考线清除。

(2) 如果需要删除其中某条参考线,在参考线上按下鼠标左键,拖曳到对应标尺上释放,即可将特定参考线删除。

锁定或解锁参考线:使用菜单"视图"→"锁定参考线"命令(或快捷键 Ctrl＋Alt＋;)即可锁定或解锁参考线。

显示或隐藏参考线:使用菜单"视图"→"显示"→"参考线"命令(或快捷键 Ctrl＋;),即可显示或隐藏所有参考线。

1.3.7　恢复与还原

在对图像进行处理编辑时，很难每次都能达到想要的效果，所以，用户经常要用到恢复与还原功能。

在 Photoshop CS4 中提供了恢复功能，如果需要使用，直接选择菜单"文件"→"恢复"命令（或按快捷键 F12）即可将文件恢复到最后一次保存的状态。

当编辑时，如果某一步出现错误，也可以使用菜单"编辑"→"还原某操作"命令（或按快捷键 Ctrl＋Z）将最后一步还原。

注意："还原某操作"命令执行一次后，就转变成了"重做某操作"命令。因此，在操作过程中，按一次 Ctrl＋Z 可还原最后一步操作，再按一次 Ctrl＋Z 则将刚刚还原的那一步重新做一次。在生成随机像素的时候，可以利用该功能多使用几次，直到达到需要的效果。

如果需要撤销上一步操作，可以使用菜单"编辑"→"后退一步"命令（或按快捷键 Ctrl＋Alt＋Z），不断使用该命令可以按顺序不断撤销之前的操作，直到达到最初打开文件时的效果。在撤销了一些操作后，还可以使用菜单"编辑"→"前进一步"命令（或按快捷键 Ctrl＋Shift＋Z），把刚刚撤销的一步操作恢复到撤销前的状态。

但采用这些方法有一个问题，即在处理较复杂的图片时，我们在处理后很难记清具体的操作及其顺序，为此，Photoshop CS4 提供了历史记录面板。

1.3.8　历史记录面板

历史记录面板的主要功能是记录以前的操作，并在面板中体现出来，如图 1-35 所示。

如果需要恢复到以前的状态，可以直接在历史记录面板中单击以前的操作，恢复到以前的状态。

图 1-35　历史记录面板

用户可以通过"创建新快照"按钮 ，为历史记录面板记录的操作新建快照，这样在历史记录面板中可以见到原始状态和保存所有操作后的快照状态。

用户还可以通过"从当前状态创建新文档"按钮 ，为选择的操作后的状态创建一个新图像文件。

历史记录面板中能够记录的操作数目是有限的，可以通过菜单"编辑"→"首选项"→"性能"命令，调整"历史记录状态"文本框中可以存储的操作数目，默认是 20。

1.4　本章小结

在学习本章后，用户应该对图像处理的基础知识有了一定的了解，熟悉了 Photoshop CS4 的工作环境，了解了 Photoshop CS4 工作环境配置的一般方法，掌握了 Photoshop CS4 的文件操作、查看图像的方式以及一些常用基础功能，为后面章节的学习打下基础。

Photoshop CS4 是最常用的图像处理软件，在学习 Photoshop CS4 的过程中，熟练地运用快捷键能够提高用户的作图速度。在以后的章节中，将在提供命令的同时提供对应的快捷键，方便用户学习。

习题 1

1. 下列操作能以100％的比例显示图像的是( )。

    A. 在图像上按住 Alt 键的同时单击

    B. 选择"满画布显示"命令

    C. 双击抓手工具

    D. 双击缩放工具

2. 在 Photoshop CS4 中,切换屏幕模式的快捷键是( )。

    A. Tab

    B. F

    C. Shift＋F

    D. Shift＋Tab

3. 下面对矢量图和位图的描述正确的是( )。

    A. 矢量图的基本组成单元是像素

    B. 位图的基本组成单元是锚点和路径

    C. Adobe Illustrator CS4 图形软件能够生成矢量图

    D. Adobe Photoshop CS4 能够生成矢量图

4. 图像分辨率的单位是( )。

    A. dpi

    B. ppi

    C. lpi

    D. pixel

5. 一个8位图像支持的颜色有( )。

    A. 16 种

    B. 256 种

    C. 65 536 种

    D. 1677 万种

6. Photoshop 默认的文件格式的扩展名为( )。

    A. jpg

    B. pdf

    C. psd

    D. tif

7. Photoshop 默认设置的保留历史状态数是( )。

    A. 20 次

    B. 50 次

    C. 99 次

    D. 无限制

8. 若图像的分辨率为300像素每英寸,则每平方英寸上分布的像素总数为( )。

    A. 600

    B. 900

    C. 60 000

    D. 90 000

9. 下面色彩模式中色域最大的是( )。

    A. HSB 模式

    B. RGB 模式

    C. CMYK 模式

    D. Lab 模式

10. 下列( )是 Photoshop 图像最基本的组成单元。

    A. 结点

    B. 色彩空间

    C. 像素

    D. 路径

第 **2** 章

选区的创建与编辑

本章学习目标：

* 熟练使用选框工具组、套索工具组和快速选择工具组中的工具建立选区；
* 掌握选区的修改与编辑；
* 掌握"自由变换"命令的使用方法。

本章首先向读者介绍使用选框工具组、套索工具组和快速选择工具组中的工具建立选区的方法，然后介绍如何进行选区的修改与编辑，最后使用实例向读者说明选区的应用。

建立选区是进行图像处理的第一步，因为对图像进行编辑，通常不是对整张图片做处理，而是选择其中的一部分进行相应的操作，所以，建立选区是进行图像处理的基础，选区设定得好不好，会直接影响图像处理的质量。为了适应图像处理的需要，Photoshop CS4 提供了多个选区工具，大家要根据实际需要选择合适的选区工具来设定选区。

2.1 使用选框工具组创建规则选区

在选取大致范围时经常要用到选框工具组，该工具组也是 Photoshop CS4 工具箱中最常用的工具组之一，包括矩形选框工具、椭圆选框工具、单行选框工具和单列选框工具 4 个最基本的工具。

矩形选框工具和椭圆选框工具适用于选择大致的范围或者所要编辑的区域是比较规则的矩形或椭圆。单行选框工具和单列选框工具适用于设定单个像素的横线或竖线的选定区域。

下面详细介绍选框工具组中各种工具的使用方法。

2.1.1 矩形选框工具的使用方法

矩形选框工具适用于选择大致的矩形范围或者所要编辑的区域是比较规则的矩形，操作步骤如下：

（1）启动 Photoshop CS4，打开本章素材图片"2-1.jpg"，然后将鼠标指针移到工具箱中的"矩形选框工具"按钮上，长按鼠标左键或右击，从弹出的快捷菜单中选择"矩形选框工具"命令。注意，如果用户想要得到正方形选区，可以在拖动鼠标的同时按住 Shift 键。

（2）将鼠标指针移到打开的图片上，可以看到鼠标指针变成了十字形。

（3）在图像文件中按住鼠标左键，在预选区域拖动鼠标，完成后松开鼠标，即可创建一个矩形选区，如图 2-1 所示。

图 2-1 创建一个矩形选区   图 2-2 创建一个圆形选区

2.1.2 椭圆选框工具的使用方法

椭圆选框工具适用于选择大致的椭圆范围或者所要编辑的区域是比较规则的椭圆,操作步骤如下:

(1) 移动鼠标指针到工具箱中的"矩形选框工具"按钮上,长按鼠标左键或右击,从弹出的快捷菜单中选择"椭圆选框工具"命令。此时可以看到,"矩形选框工具"的名称改为"椭圆选框工具"。注意,如果用户想要得到正圆选区,可以在拖动鼠标的同时按住 Shift 键。

(2) 将鼠标指针移到打开的图片上,可以看到鼠标指针变成了十字形。

(3) 在图像文件中按住鼠标左键,在预选区域拖动鼠标,完成后松开鼠标,即可创建一个椭圆选区,图 2-2 所示为按住 Shitf 键创建的圆形选区。

2.1.3 单行选框工具和单列选框工具的使用方法

使用单行选框工具或单列选框工具可以创建宽度为一个像素的行或列的选区。单行选框工具或单列选框工具的使用方法同矩形选框工具和椭圆选框工具相似,可以在图像上建立只有一个像素宽的水平选区或垂直选区,如图 2-3 和图 2-4 所示。

图 2-3 单行选区   图 2-4 单列选区

2.1.4 选区的计算

在创建选区时,用户可能需要在原选区的基础上增加或减少部分选区,有时甚至想得到多个选区相交的部分,那么这时就要用到选区的计算了。选区的计算包括选区相加、相减和相交 3 种类型。

1. 选区相加

选区相加的具体操作如下:

(1) 在 Photoshop CS4 中打开本章素材图片"2-1.jpg",然后使用矩形选框工具创建一个矩形选区,如图 2-5 所示。

(2) 单击矩形选框工具属性栏上的"添加到选区"按钮,这时可以看到鼠标指针呈十字形,右下角还有一个"+"号。

(3) 拖动鼠标把要加选的部分框选即可得到结果,如图 2-6 和图 2-7 所示。

图 2-5　创建矩形选区

图 2-6　选区相加(1)

图 2-7　选区相加(2)

2. 选区相减

选区相减的具体情况如下:

(1) 选择矩形选框工具,创建一个矩形选区,如图 2-8 所示。

(2) 单击矩形选框工具属性栏上的"从选区减去"按钮,这时可以看到鼠标指针呈十字形,右下角还有一个"-"号。

(3) 拖动鼠标把要删减的部分框选即可得到结果,如图 2-9 所示。

(4) 选择其他选框工具,例如椭圆选框工具,然后单击"从选区减去"按钮进行计算,得到图 2-10 所示的结果。

图 2-8　创建矩形选区

图 2-9　选区相减(1)　　　　　　　图 2-10　选区相减(2)

3. 选区相交

如果想要两个或多个选区相交的部分,可以单击"与选区交叉"按钮进行计算,其他操作同上。

2.1.5　选区的羽化

通过以上操作创建的选区边缘都是比较硬的,有时候我们需要建立一些边缘比较柔和的选区,增加一些过渡效果等,那么这时可以通过设定属性栏上的羽化值来实现,羽化的数值为 0 到 255 像素之间的一个整数,具体操作如下:

(1) 在 Photoshop CS4 中打开本章素材图片"2-1.jpg",选择椭圆选框工具。

(2) 在属性栏上的"羽化"文本框中输入 10px。

(3) 把鼠标指针移到图像上,拖动鼠标创建一个椭圆选区,如图 2-11 所示。

(4) 在工具箱中单击"设置前景色"按钮,打开"拾色器(前景色)"对话框,设定一个自己喜欢的颜色,然后按快捷键 Ctrl＋Delete 填充前景色观察羽化效果,如图 2-12 所示。

图 2-11　带有羽化的椭圆选区　　　　　图 2-12　羽化效果

2.1.6　选区的样式

选择选框工具组中的工具后,在属性栏上可以看到"样式"下拉菜单,样式是只有选框工具组中的工具才有的属性,其他工具没有。

样式包括正常、固定比例和固定大小 3 种。

- 正常：样式的默认状态是"正常",此种方式也最为常用,可以创建不同大小和形状的选区。
- 固定比例：选区的宽度和高度比固定,宽度和高度比可以在"宽度"和"高度"文本框中输入。例如创建一个宽度和高度比为 3：1 的矩形选区,如图 2-13 所示。

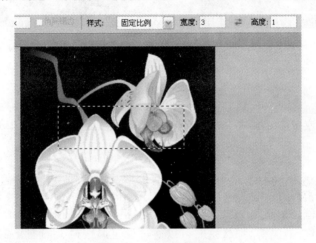

图 2-13　固定比例选区

- 固定大小：所创建选区的宽度和高度为固定值,其值在后面的"宽度"和"高度"文本框中输入。例如创建一个宽度为 100px、高度为 80px 的选区,如图 2-14 所示。

图 2-14　固定大小选区

2.1.7　调整选区边缘

单击"调整边缘"按钮可以打开"调整边缘"对话框,以进一步调整选区边缘或对照不同的选区背景查看选区或将选区作为蒙版查看。

2.2　使用套索工具组创建不规则选区

使用套索工具组中的工具可以创建不规则选区,套索工具组中有套索工具、多边形套索工具和磁性套索工具 3 个工具。

使用套索工具组中的工具建立的选区并不精确,精确程度跟用户使用鼠标的熟练程度有关。

2.2.1　使用套索工具创建选区

使用套索工具可以建立任意形状的选区,具体操作如下:

(1) 启动 Photoshop CS4 打开本章素材图片"2-1.jpg",然后将鼠标指针移到工具箱中的"套索工具"按钮上,长按鼠标左键或右击,从弹出的快捷菜单中选择"套索工具"命令。

(2) 将鼠标指针移到打开的图片上,可以看到鼠标指针变成了 形状。

(3) 在图像文件中按住鼠标左键不放,在要选中的区域边缘拖动鼠标,完成后松开鼠标左键,即可创建一个选区(无论是拖出一条曲线还是一个闭合区域,松开鼠标左键后均为闭合区域),如图 2-15 所示。

图 2-15　使用套索工具创建选区　　　　　图 2-16　使用多边形套索工具创建选区

2.2.2　使用多边形套索工具创建选区

使用多边形套索工具可以创建相对规则的多边形选区,具体操作如下:

(1) 启动 Photoshop CS4,打开本章素材图片"2-1.jpg",然后将鼠标指针移到工具箱中的"套索工具"按钮上,长按鼠标左键或右击,从弹出的快捷菜单中选择"多边形套索工具"命令。

(2) 将鼠标指针移到打开的图片上,可以看到鼠标指针变成了 形状。

(3) 在图像文件中按住鼠标左键不放,在要选中的区域边缘拖动鼠标,完成后松开鼠标左键,即可创建一个选区(无论是拖出一条曲线还是一个闭合区域,松开鼠标左键后均为闭合区域），如图 2-16 所示。

2.2.3 使用磁性套索工具创建选区

磁性套索工具是一个智能选择工具，相对来说用得多一些，具体操作如下：

（1）打开本章素材图片"2-1.jpg"，将鼠标指针移到工具箱中的"套索工具"按钮上，长按鼠标左键或右击，从弹出的快捷菜单中选择"磁性套索工具"命令。

（2）在图像文件中按住鼠标左键不放，在要选中的区域边缘拖动鼠标，完成后松开鼠标左键，即可创建一个选区（无论是拖出一条曲线还是一个闭合区域，松开鼠标左键后均为闭合区域），如图 2-17 所示。

图 2-17　使用磁性套索工具创建选区

2.3　使用快速选择工具和魔棒工具创建颜色相近的选区

快速选择工具组中有快速选择工具和魔棒工具两种工具。

2.3.1 快速选择工具

快速选择工具是利用可调整的圆形画笔笔尖快速绘制选区，拖动时选区会向外扩展，并根据所设定的参数自动查找和跟踪图像中定义的边缘。因此，用户可以根据不同的选择环境来设定其参数，参数设定好后，就可以进行快速的选择了，下面是各参数的具体介绍。

1. 大小

"大小"参数决定笔头的大小（粗细），数值越大，选择的范围越大，因为大笔头所覆盖的颜色范围往往大一些，因而计算的范围会相对多一些。一般情况下，不应该将笔头的大小设置得太大，因为可以拖动鼠标来扩展选区的范围。

2. 硬度

对于画笔而言，笔头设置越硬（即数值越大），涂抹的边沿越生硬，反之越柔和。但对于快速选择的笔头而言，这个数值的设置意义不大。当选区刚好跨越两个相差较大的颜色时，硬笔头边缘仍是生硬的，而柔和的笔头会有柔和一点的过渡效果。

3. 间距

"间距"参数很简单，举例说明，如果设置了间距，在用快速选择工具将一张图片上的一朵花拖到另一朵花上时，用户可以一次性选择两朵花，且选区是间断的。如果间距值设置得比较小，则选区一般是连续的。

4．角度和圆度

"角度"和"圆度"参数更简单，同时设置角度值和圆度值，用户会发现，笔头可以变成椭圆形。

5．自动增强

选择"自动增强"复选框后，在图片上快速创建选区，当遇到选择对象的边沿（边沿有过渡色）时会做一个自动调整（扩大要选择的，收缩不需要选择的），对选区产生一个微小的"调整边缘"的效果。

具体操作步骤如下：

（1）启动 Photoshop CS4，打开本章素材图片"2-3.jpg"，然后将鼠标指针移到工具箱中的"快速选择工具"按钮上单击选择该工具。

（2）在属性栏上设置快速选择工具的参数，激活"添加到选区"按钮，设置"画笔"参数如图 2-18 所示，选择"自动增强"复选框。

（3）在图像中红色的花朵内部多次单击或按住鼠标左键不放进行拖动，可以把红色的花朵选中，如图 2-19 所示。

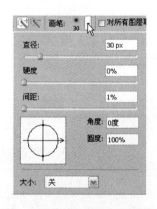

图 2-18　快速选择工具的设定

图 2-19　使用快速选择工具创建选区

2.3.2　魔棒工具

使用魔棒工具根据颜色的相似度进行选择，可以选择出颜色一致的区域，而不用跟踪其轮廓。

魔棒工具和快速选择工具共用一个快捷键，即 Shift＋W。切换魔棒工具和快速选择工具的方法是，长按鼠标左键或者右击，然后选择另外一个工具。按 Enter 键可以修改容差值。

1．容差

"容差"用于确定选定像素的相似点差异，其中，输入的值以像素为单位，大小介于 0 到

255 之间,输入的值越大表示允许与取样点之间的差异也越大,所选择的范围也就越大。

2. 消除锯齿

选择"消除锯齿"复选框,可以使选区的边缘较平滑。

3. 连续

选择"连续"复选框,可以选择相似颜色的邻近区域,所选区域为连续区域,否则会选择整个图像中使用相似颜色的所有像素。

4. 调整边缘

单击"调整边缘"按钮可以打开"调整边缘"对话框,以进一步调整选区边界或对照不同的选区背景查看选区或将选区作为蒙版查看。

具体操作步骤如下:

(1) 启动 Photoshop CS4,打开本章素材图片"2-3.jpg",然后将鼠标指针移到工具箱中的"快速选择工具"按钮上,长按鼠标左键或者右击,从弹出的快捷菜单中选择"魔棒工具"命令。

(2) 在属性栏上设定魔棒工具的参数,激活"添加到选区"按钮,将"容差"值设为 30,并选择"连续"复选框。

(3) 在图片背景上多次单击,可以选中图片的背景,如图 2-20 所示。

(4) 使用菜单"选择"→"反向"命令或按快捷键 Shift+Ctrl+I,反向选中花朵,如图 2-21 所示。

图 2-20　选中图片背景

图 2-21　反向选中花朵

(5) 按快捷键 Ctrl+J,把选中的区域复制到新的图层,同时把背景图层隐藏,可以看到抠选的图像,如图 2-22 所示。

(6) 选中背景图层,单击图层面板下面的"创建新图层"按钮,创建一个新的空白图层。

(7) 双击工具箱中的"设置前景色"按钮,设置前景色为一个较浅的品红色。

(8) 选择工具箱中的渐变工具,在空白图层上由下向上拖动鼠标,填充前景色到背景色的渐变,即可完成该图像背景色的修改,如图 2-23 所示。

图 2-22 将花朵复制到新图层

图 2-23 填充新的背景

2.4 编辑选区

2.4.1 选区的全选、反选、重选与取消选择

- 全选:将当前正在处理的图层中的像素全部选中。
- 反选:将当前图层中的选区和非选区互换,即原来未被选取的区域呈选取状态。
- 重选:将之前的选区恢复或载入。
- 取消选择:当不需要一个选区时,可以将其取消。

下面学习选区的全选、反选、重选与取消选择的方法。

1. 选区的全选

选区的全选可用以下两种方法:
(1) 使用菜单"选择"→"全部"命令。
(2) 使用快捷键 Ctrl+A。

2. 选区的反选

选区的反选可用以下 3 种方法:
(1) 使用菜单"选择"→"反向"命令。
(2) 使用快捷键 Shift+Ctrl+I。
(3) 在图像选区上右击,在弹出的快捷菜单中选择"选择反向"命令。

3. 选区的重选

选区的重选可用以下两种方法:
(1) 使用菜单"选择"→"重新选择"命令。
(2) 使用快捷键 Shift+Ctrl+D。

4．取消选择选区

取消选择选区可用以下 3 种方法：

（1）使用菜单"选择"→"取消选择"命令。

（2）使用快捷键 Ctrl＋D。

（3）在创建选区工具处于工作状态时，在选区外的任意位置单击。

2.4.2　移动选区

用户有时需要移动选区到合适的位置，移动选区的方法如下：

（1）直接拖动鼠标移动选区，在移动的过程中按住 Shift 键可使选区沿水平、垂直或 45°斜线方向移动。

（2）按 ↑、←、↓、→方向键，每次以 1px 为单位移动。

（3）在按住 Shift 键的同时按方向键，每次以 10px 为单位移动。

2.4.3　修改选区

修改选区的操作包括边界、平滑、扩展、收缩、羽化 5 种，如图 2-24 所示。

图 2-24　修改选区菜单

1．边界

使用"边界"命令可以将原选区的边缘扩张一定的宽度，该命令一般用于描绘图像轮廓的宽度。

2．平滑

"平滑"命令可以对选区的边缘消除锯齿，使选区边缘变得更连续、更光滑。选择"平滑"命令，会打开"平滑选区"对话框，在"取样半径"文本框中输入 1 到 100 之间的整数即可平滑选区。

3．扩展

"扩展"命令用于将选区的范围向外扩大。

4．收缩

"收缩"命令用于将选区的范围向内收缩。

5．羽化

在建立选区之前，如果没有对选区工具进行羽化值的设定，在选区建立好之后，可以使用"羽化"命令进行羽化操作。

2.4.4　扩大选取与选取相似

"扩大选取"和"选取相似"命令都是用来扩大选择范围的,它们和魔棒工具一样,都是根据像素的颜色近似程度来增加选择范围,并且增加的选择范围的大小由魔棒工具属性栏中的"容差"值来控制。

这两个命令的不同之处在于,"扩大选取"通过在原来选区的基础上增加相邻的像素来增加选区;而"选取相似"则是选取整张图片中所有颜色相近的像素。

2.4.5　变换选区

通过"变换选区"命令可以对选区进行缩放、旋转、扭曲、透视、变形等操作。

使用"编辑"菜单中的"自由变换"命令,可以对所选图像中的像素进行缩放、旋转、扭曲、透视、变形等操作。

用户要注意两者之间的区别,"变换选区"仅对选区进行操作,而"编辑"菜单中的"自由变换"命令是对选中的图像或图层进行操作。

1."变换选区"命令的使用方法

(1)打开本章素材图片"2-2.jpg"。

(2)选择魔棒工具,并选择属性栏上的"添加到选区"按钮,设置"容差"值为 32,然后多次在花朵之外的区域单击,选择该图片背景的背景区域,如图 2-25 所示。

(3)选择菜单"选择"→"反向"命令或按快捷键 Shift+Ctrl+I,选中图中的花朵区域,如图 2-26 所示。

图 2-25　选中图片背景

图 2-26　选区反向

(4)选择菜单"选择"→"变换选区"命令,将鼠标移至变换框上按住鼠标左键并拖动,可以移动选区,如图 2-27 所示。

(5)将鼠标移至变换框的 4 个角上,当鼠标指针变成带箭头的弧状时拖动或右击,在弹出的快捷菜单中选择"旋转"命令,可以对选区进行旋转,如图 2-28 所示。

图 2-27　变换选区

图 2-28　旋转选区

由于选区的缩放、扭曲、透视、变形操作和选区的旋转操作相似,在此不再赘述。

2．"自由变换"命令的使用方法

(1) 使用上述方法建立上述步骤(3)的选区。

(2) 按快捷键 Ctrl＋J 把选区复制到新的图层中。

(3) 选择菜单"编辑"→"自由变换"命令或者按快捷键 Ctrl＋T,此时选区周围会出现一个变换框。和变换选区的操作相似,右击弹出图 2-29 所示的快捷菜单。

选择"自由变换"命令,可以进行以下操作:

- 用鼠标左键拖动变形框四角上的任一角点,图像为长、宽均可变的自由矩形,此时也可以翻转图像。
- 用鼠标左键拖动变形框四边上的任一中间点,图像为可等高或等宽的自由矩形。
- 用鼠标左键在变形框外呈弧形拖动时,图像可自由旋转任意角度,按 Shift 键可将旋转限制为按 15°增量进行。
- 选择"缩放"命令,可以调整图像的大小,拖动角手柄时按住 Shift 键可以按长宽等比例缩放。
- 选择"旋转"命令,可以任意角度旋转图像。用鼠标左键拖动中心点,可以改变旋转中心位置,如图 2-30 所示。
- 选择"斜切"命令,拖动边手柄可倾斜外框,如图 2-31 所示。
- 选择"扭曲"命令,拖动角手柄可以改变图像形状,如图 2-32 所示。
- 选择"透视"命令,拖动角手柄可对图像应用透视效果,如图 2-33 所示。
- 选择"变形"命令,然后从属性栏的"变形"菜单中选取一种变形,如果要自定变形,拖动网格内的控制点、线条或区域,以更改外框和网格的形状,如图 2-34 所示。

自由变换
缩放
旋转
斜切
扭曲
透视
变形
内容识别比例
旋转 180 度
旋转 90 度(顺时针)
旋转 90 度(逆时针)
水平翻转
垂直翻转

图 2-29　快捷菜单

图 2-30　改变旋转中心位置

图 2-31　斜切

图 2-32　扭曲

图 2-33　透视

图 2-34 变形

变换完成后,按 Enter 键或单击属性栏中的"进行变换"按钮 ✔；如果要取消变换,可以在选框内双击,或按 Esc 键,或单击属性栏中的"取消"变换按钮 ⊘。

2.5　综合实例

2.5.1　绘制桌球

(1) 选择"文件"→"新建"命令或按快捷键 Ctrl＋N,新建文件,设置"新建"对话框参数如图 2-35 所示。

图 2-35　"新建"对话框

(2) 按快捷键 Shift＋Ctrl＋N,新建图层 1,然后选择椭圆选框工具,在其属性栏上设定"羽化"值为两个像素,接着按住 Shift 键拖动鼠标,绘制一个正圆选区,如图 2-36 所示。

(3) 设置前景色为一个较亮的品红色,背景色为白色,然后选择工具箱中的渐变工具,在其属性栏上单击"径向渐变"按钮,并选择"反向"复选框,接着从圆形选区中间向右上方拖出一条直线,再按快捷键 Ctrl＋D,取消选区,效果如图 2-37 所示。

图 2-36　建立圆形选区　　　　图 2-37　填充径向渐变

(4) 选中图层 1,选择菜单"图层"→"复制图层"命令,新建图层 1 副本,然后按快捷键 Ctrl＋T 进行自由变换,调整其大小和位置,并把"不透明度"设为 50％,效果如图 2-38 所示。

(5) 选择工具箱中的横排文本工具,在工作区中输入数字"3",然后按快捷键 Ctrl＋T

进行,自由变换,调整其大小和位置,效果如图 2-39 所示。

(6) 按快捷键 Shift＋Ctrl＋N,新建图层 2,然后选择工具箱中的椭圆选框工具,在属性栏上设定"羽化"值为 15 个像素,并设定前景色为灰色,按快捷键 Alt＋Delete 填充前景色,效果如图 2-40 所示。

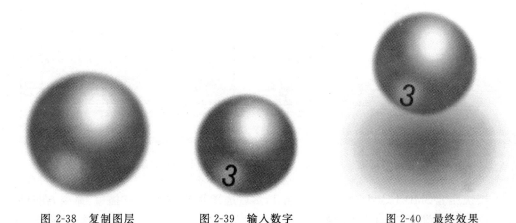

图 2-38　复制图层　　　　图 2-39　输入数字　　　　图 2-40　最终效果

(7) 按快捷键 Ctrl＋S,保存文件到合适的位置。

2.5.2　绘制工作牌

(1) 新建文件,选择菜单"文件"→"新建"命令或按快捷键 Ctrl＋N,打开"新建"对话框,设置参数如图 2-41 所示。

图 2-41　"新建"对话框

(2) 选择菜单"视图"→"标尺"命令,把标尺显示出来,然后选择工具箱中的移动工具,分别从图像上面的标尺和左面的标尺用鼠标左键拖出辅助线,如图 2-42 所示。

(3) 选择工具箱中的多边形套索工具,在辅助线的位置依次单击,创建第 1 点、第 2 点、……,绘制出一个多边形选区,如图 2-43 所示。

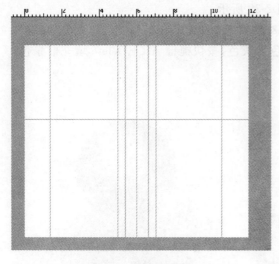

图 2-42　辅助线设定

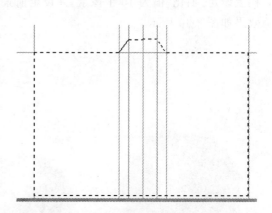

图 2-43　绘制多边形选区

（4）按快捷键 Shift＋Ctrl＋N，创建图层 1，然后选择菜单"编辑"→"描边"命令，在打开的"描边"对话框中设置"宽度"为 3 像素、"位置"为"居外"、"颜色"为"黑色"，单击"确定"按钮，进行描边操作。操作完毕后，按快捷键 Ctrl＋D 取消选区，然后选择菜单"视图"→"清除参考线"命令，效果如图 2-44 所示。

（5）选择工具箱中的圆角矩形工具，在其属性栏中单击"路径"按钮，并设置"半径"为 20 像素，然后在图像编辑窗口中的合适位置拖动鼠标，绘制出一个圆角矩形，如图 2-45 所示。

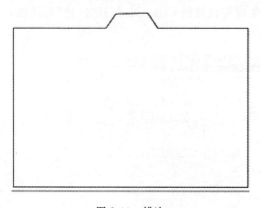

图 2-44　描边

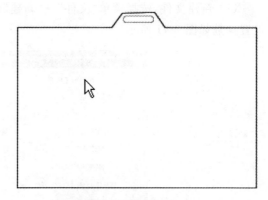

图 2-45　绘制圆角矩形

（6）按快捷键 Ctrl＋Enter，将路径转换为选区，然后重复步骤（4）的操作，在"描边"对话框中设置宽度为 1 个像素，进行描边操作，并取消选区，效果如图 2-46 所示。

（7）按快捷键 Shift＋Ctrl＋N，新建图层 2，然后在图层 2 中新建矩形选区，如果创建的矩形选区位置或大小不合适，可以选择菜单"选择"→"变换选区"命令进行调整，如图 2-47 所示。

（8）设置前景色为"浅灰色"，按快捷键 Alt＋Delete，填充前景色，然后取消选区，如图 2-48 所示。

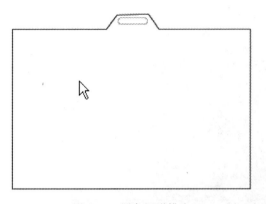

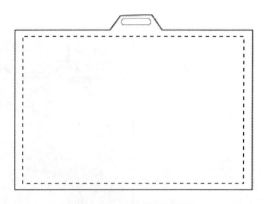

图 2-46　圆角矩形描边　　　　　　　　图 2-47　选区调整结果

（9）使用矩形选框工具建立一个矩形选区，然后设置前景色为一个较浅的青色，按快捷键 Alt＋Delete，填充前景色，如图 2-49 所示。

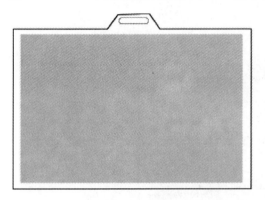

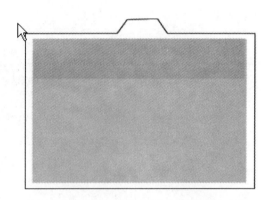

图 2-48　填充前景色　　　　　　　　图 2-49　创建矩形选区并填充颜色

（10）打开本章素材 2-4.jpg，在该图像中使用魔棒工具单击白色的背景区域，注意不要选择属性栏上的"连续"复选框。然后按快捷键 Shift＋ Ctrl＋I 进行反选，再按快捷键 Ctrl＋C 复制所选区域，如图 2-50 所示。

（11）切换工作区到"工作牌"窗口，按快捷键 Ctrl＋V 粘贴所选区域，粘贴好后，按快捷键 Ctrl＋T 或选择菜单"编辑"→"自由变换"命令，调整其大小和位置，如图 2-51 所示。

图 2-50　选中 Logo

（12）选择工具箱中的横排文字工具，在工作区中输入文字"伏特国际有限公司"，并设定字体为"黑体"、大小为"18 点"，如图 2-52 所示。

（13）长按工具箱中的"矩形工具"按钮，从弹出的菜单中选择"直线工具"命令，并在属性栏中激活"形状图层"按钮，设置粗细为一个像素，设置前景色为黑色，绘制如图 2-53 所示的 3 条直线。

（14）选择工具箱中的矩形工具，在合适的位置绘制一个矩形，然后重复步骤（6），把所绘制的矩形转换为选区，并描边一个像素，取消选区，如图 2-54 所示。

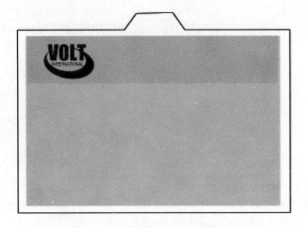

图 2-51　复制 Logo 到合适的位置

图 2-52　输入文字

图 2-53　绘制直线

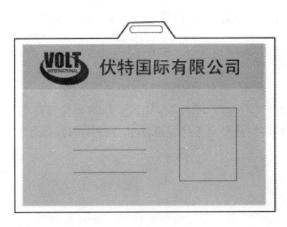

图 2-54　绘制矩形

（15）重复步骤（12），分别在直线左侧输入横排文字"姓名"、"职位"、"部门"，并设置字体为"黑体"、大小为"12 点"，如图 2-55 所示。

图 2-55　输入文字

（16）选择直排文字工具，在工作区中输入"照片"两字，并设置字体为"黑体"、大小为"12 点"，如图 2-56 所示。

图 2-56　输入直排文字

（17）至此，本实例制作完成，按快捷键Ctrl＋S将文件保存到指定位置。

2.6   本章小结

本章详细讲解了如何使用选框工具组、套索工具组和快速选择工具组中的工具创建选区，以及选区的修改与编辑，最后以实例形式强化练习了图像选区的创建与编辑。

习题 2

一、选择题

1. 使用单行选框工具或单列选框工具可以绘制一个宽度为（　　）像素的行或列的选区。

    A. 1个　　　　　　　　　B. 10个

    C. 100个　　　　　　　　D. 1000个

2. 下列（　　）方式不是渐变效果的填充方式。

    A. 线性渐变　　　　　　　B. 径向渐变

    C. 菱形渐变　　　　　　　D. 圆形渐变

3. 在属性栏的"羽化"文本框中所输入的值是（　　）像素之间的整数。

    A. 0～255　　　　　　　　B. 0～100

    C. 1～1000　　　　　　　D. 0～200

二、操作题

利用椭圆选框工具与选区间的相加、相减及相交运算，制作太阳花图形，效果如图2-57所示。

图2-57   太阳花图形

第 3 章

调整图像的色彩和色调

本章学习目标：

- 图像文件的颜色模式；
- 图像的色调调整；
- 图像的色彩调整；
- 特殊色调调整。

在使用 Photoshop CS4 应用程序调整图像文件时，经常需要先校正或处理图像画面的颜色与色调问题，这样才能进行下一步的编辑处理。本章从色彩开始介绍，介绍色彩的概念及色彩的三要素，然后介绍 Photoshop CS4 强大的图像色彩调整功能，利用这些功能处理图像可以使图像文件更符合编辑处理的要求。

3.1 色彩的定义

我们四周不管是自然的还是人工的物体，都有各种色彩和色调。这些色彩看起来好像附着在物体上，然而一旦光线减弱或变成黑暗，所有物体都好像会失去各自的色彩。

我们看到的色彩，事实上是以光为媒体的一种感觉。色彩是人在接受光的刺激后，视网膜的兴奋传送到大脑中枢而产生的感觉。

3.1.1 牛顿的光谱

光是电磁波，能产生色觉的光只占电磁波中的一部分范围。其中，人类可以感受到的光波的范围（可见光）是 780mm～380mm。太阳光属于可见光，牛顿第一次做光谱实验时，利用菱镜分散太阳光，形成光谱。

3.1.2 单色光和复合光

有一种分散的光谱，即使再一次透过菱镜也不会扩散，称为单色光。我们日常所见的光，大部分都是由单色光聚合而成的光，称为复合光。复合光中所包含的各种单色光的比例不同，就会使人产生不同的色彩感觉。

3.2 色彩的三要素

3.2.1 明度

在无色彩中,明度最高的色为白色,明度最低的色为黑色,中间存在一个从亮到暗的灰色系列。在彩色中,任何一种纯度都有自己的明度特征。其中,黄色为明度最高的色,紫色为明度最低的色。

明度在三要素中具有较强的独立性,它可以不带任何色相的特征而通过黑白灰的关系单独呈现出来。色相与纯度则必须依赖一定的明暗才能显现,色彩一旦发生,明暗关系就会出现。我们可以把这种抽象出来的明度关系看作"色彩的骨骼",它是色彩结构的关键。

3.2.2 色相

色相是指色彩的相貌,通常也称为色调。

如果说明度是"色彩的骨骼",色相就很像色彩外表的华美肌肤。色相体现了色彩外向的性格,是"色彩的灵魂"。

在从红到紫的光谱中,等间地选择 5 种色,即红(R)、黄(Y)、绿(G)、蓝(B)、紫(P),相邻的两种色相互混合又得到黄红(YR)、黄绿(GY)、蓝绿(BG)、蓝紫(PB)、紫红(RP),从而构成一个首尾相交的环,被称为孟赛尔色相环,如图 3-1 所示。

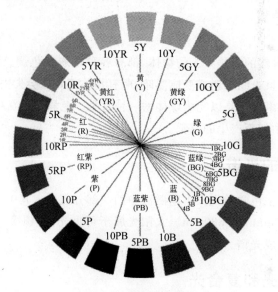

图 3-1　孟赛尔色相环

3.2.3 纯度

纯度指的是色彩的鲜浊程度,混入白色,鲜艳度降低,明度提高;混入黑色,鲜艳度降低,明度变暗;混入明度相同的中性灰,纯度降低,明度没有改变。

不同的色相不仅明度不等,纯度也不相等。纯度最高的色为红色,黄色的纯度也较高,绿色的纯度为红色的一半左右。

纯度体现了色彩内向的品格。同一色相,即使纯度发生了细微的变化,也会立即带来色彩性格的变化。

3.3 图像文件的颜色模式

颜色模式是描述颜色的依据,是用于表现色彩的一种数学算法,是指一幅图像用什么方式在计算机中显示或打印输出。常见的颜色模式包括位图、灰度、双色调、索引、RGB、CMYK、Lab、多通道及 8 位或 16 位/通道等模式。颜色模式不同,对图像的描述和所能显示的颜色数量就会不同。除此之外,颜色模式还影响通道的数量和文件的大小。默认情况下,位图、灰度和索引模式的图像只有 1 个通道;RGB 和 Lab 模式的图像有 3 个通道;CMYK 模式的图像有 4 个通道。

3.3.1 位图模式

位图模式是由黑、白两种像素组成的色彩模式,它有助于较为完善地控制灰度图像的打印。只有灰度模式或多通道模式的图像才能转换成位图模式,因此,要把 RGB 模式转换成位图模式,应先转换成灰度模式,再由灰度模式转换成位图模式。

3.3.2 灰度模式

灰度模式中只存在灰度色,所谓灰度色,就是指纯白、纯黑以及两者中的一系列从黑到白的过渡色。我们平常所说的黑白照片、黑白电视,实际上应该称为灰度照片、灰度电视。灰度色中不包含任何色相,即不存在红色、黄色这样的颜色。灰度隶属于 RGB 色域(色域指色彩范围)。

我们已经知道,在 RGB 模式中三原色光各有 256 个级别。由于灰度的形成是 RGB 数值相等,而 RGB 数值相等的排列组合是 256 个,那么灰度的数量就是 256 级。其中,除了纯白和纯黑以外,还有 254 种中间过渡色。纯黑和纯白也属于反转色。通常,灰度的表示方法是百分比,范围是 0%～100%。

在灰度图像文件中,图像的色彩饱和度为 0,亮度是唯一能够影响灰度图像的参数。在 Photoshop CS4 应用程序中,选择菜单"图像"→"模式"→"灰度"命令将图像文件的颜色模式转换成灰度模式时,将出现一个警告对话框,提示这种转换将丢失颜色信息。

用户可选择菜单"编辑"→"颜色设置"命令,打开"颜色设置"对话框进行色彩管理,关闭色彩管理功能。

3.3.3 双色调模式

双色调模式通过 1～4 种自定油墨创建单色调、双色调(两种颜色)、三色调(3 种颜色)和四色调(4 种颜色)的灰度图像。对于用专色的双色打印输出,双色调模式增大了灰色图像的色调范围。因为双色调使用不同的彩色油墨重现不同的灰阶,因此,在 Photoshop 中,双色调被视为单通道、8 位的灰度图像。在双色调模式中,不能直接访问个别的图像通道,而是通过"双色调选项"对话框中的曲线操控通道。

3.3.4　索引模式

索引模式可生成最多 256 种颜色的 8 位图像文件。当将图像转换为索引模式时,Photoshop 将构建一个颜色查找表,用于存放并索引图像中的颜色。如果原图像中的某种颜色没有出现在该表中,则程序将选取最接近的一种,或使用仿色以现有颜色来模拟该颜色。

3.3.5　HSB 模式

在 HSB 模式中,H 表示色相,S 表示饱和度,B 表示明度,其色相沿着 0°~360°的色环来进行变换,只有在编辑色彩时用户才能看到这种色彩模式。

HSB 色彩就是由这种模式而来的,它把颜色分为色相、饱和度、明度 3 个因素。注意,它将我们人脑中的"深浅"概念扩展为饱和度(S)和明度(B)。饱和度相当于家庭电视机的色彩浓度,饱和度高的色彩较艳丽,饱和度低的色彩接近灰色。明度也称为亮度,等同于彩色电视机的亮度,亮度高的色彩明亮,亮度低的色彩暗淡,亮度最高得到纯白,最低得到纯黑。

如果我们需要一个浅绿色,那么先将 H 拉到绿色,再调整 S 和 B 到合适的位置。一般情况下,浅色的饱和度较低,亮度较高。如果需要一个深蓝色,先将 H 拉到蓝色,再调整 S 和 B 到合适的位置。一般情况下,深色的饱和度较高,亮度较低。

3.3.6　RGB 模式

RGB 是测光的颜色模式,R 代表 Red(红色),G 代表 Green(绿色),B 代表 Blue(蓝色)。3 种色彩叠加形成其他颜色,因为 3 种颜色的每一种都有 256 个亮度水平级,所以彼此叠加能够形成 1670 万种颜色。RGB 颜色模式是由红、绿、蓝相叠加而形成的其他颜色,因此该模式也称为加色模式。图像色彩均由 RGB 数值决定,当 R、G、B 数值均为 0 时,为黑色;当 R、G、B 数值均为 255 时,为白色。

3.3.7　CMYK 模式

CMYK 是印刷中必须使用的颜色模式,它是一种依靠反光的色彩模式。我们是怎样阅读报纸的内容的呢? 是由阳光或灯光照射到报纸上,再反射到我们的眼中,这样才看到内容。此时需要外界光源,如果你在黑暗的房间内是无法阅读报纸的。只要是在屏幕上显示的图像,就是用 RGB 模式表现的;只要是在印刷品上看到的图像,就是用 CMYK 模式表现的。例如期刊、杂志、报纸、宣画等,都是印刷出来的,那么就是 CMYK 模式的了。

CMYK 通道的灰度图和 RGB 类似,是一种含量多少的表示。RGB 灰度表示色光亮度,CMYK 灰度表示油墨浓度。

但两者对灰度图中的明暗有着不同的定义:

在 RGB 通道灰度图中,较白表示亮度较高,较黑表示亮度较低;纯白表示亮度最高,纯黑表示亮度为零。

在 CMYK 通道灰度图中,较白表示油墨含量较低,较黑表示油墨含量较高;纯白表示完全没有油墨,纯黑表示油墨浓度最高。

由这个定义来看 CMYK 的通道灰度图,会看到黄色油墨的浓度很高,而黑色油墨比较低。

在将图像交付印刷的时候,一般需要把这 4 个通道的灰度图制成胶片(称为出片),然后制成 PS 版等,再上印刷机进行印刷。

传统的印刷机有 4 个印刷滚筒(形象比喻,实际情况有所区别),分别负责印制青色、洋红色、黄色和黑色。在印刷时,一张白纸进入印刷机后要被印 4 次,先被印上图像中青色的部分,再被印上洋红色、黄色和黑色的部分。

3.3.8　Lab 模式

Lab 模式包含的颜色最广,是一种与设备无关的模式。该模式由 3 个通道组成,它的一个通道代表发光率,即 L,另外两个用于表示颜色范围,a 通道包括的颜色是从深绿(低亮度值)到灰(中亮度值),再到亮粉红色(高亮度值);b 通道则是从亮蓝色(低亮度值)到灰(中亮度值),再到焦黄色(高亮度值)。当将 RGB 模式转换为 CMYK 模式时,通常先转换为 Lab 模式。

3.4　颜色模式的相互转换

如果要将颜色模式转换,选择菜单"图像"→"模式"下的相应命令即可,如图 3-2 所示。

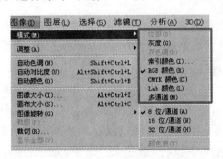

图 3-2　颜色模式的转换

3.5　颜色取样器工具

工具箱中的颜色取样器工具如图 3-3 所示,用于帮助用户查看图像窗口任意位置的颜色信息。在使用颜色取样器工具时,图像中最多可以创建 4 个采样点。取样点可以保存在图像中,并在下次打开图像后重复使用。

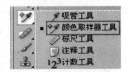

图 3-3　颜色取样器工具

3.6　信息面板

信息面板显示鼠标指针所在位置的颜色值以及其他有用的信息（取决于所使用的工具）。信息面板还显示有关选定工具的提示，提供文档状态信息，并可以显示 8 位、16 位或 32 位值。

3.6.1　信息面板中的数据信息

选择菜单"窗口"→"信息"命令可以打开信息面板，如图 3-4 所示。信息面板根据指定的选项显示 8 位、16 位或 32 位值。在显示 CMYK 值时，如果指针或颜色取样器下的颜色超出了可打印的 CMYK 色域，则信息面板将在 CMYK 值旁边显示一个感叹号。当使用选框工具时，信息面板会随着鼠标的移动显示指针位置的 X 坐标和 Y 坐标以及选框的宽度（W）和高度（H）。在使用裁剪工具或缩放工具时，信息面板会随着鼠标的拖移显示选框的宽度（W）和高度（H），该面板还会显示裁剪选框的旋转角度。当使用钢笔工具或渐变工具或移动选区时，信息面板将随着鼠标的拖移显示起始位置的 X 坐标和 Y 坐标、X 坐标的变化（DX）、Y 坐标的变化（DY），以及角度（A）和长度（D）。

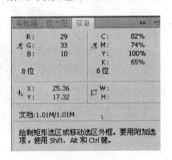

图 3-4　信息面板

3.6.2　设置面板选项

对于信息面板中显示的选项，用户可以通过"信息面板选项"对话框进行设置。通过单击信息面板右上角的图标并从面板菜单中选择"面板选项"命令，可以打开"信息面板选项"对话框更改显示的选项。在"第一颜色信息"和"第二颜色信息"下拉列表框中可以选择显示选项，也可以单击信息面板中的吸管图标，并从弹出式菜单中选取读数选项。

在 Photoshop CS4 中，除了信息面板、颜色取样器工具以外，常用于图像颜色分析的工具还有直方图面板，如图 3-5 所示。该面板仅显示当前图像中的颜色信息，对于它的操作不会修改图像画面。默认情况下执行"直方图"命令，系统会对整张图像进行分析，如果想针对某部分的图像区域进行分析，可以先绘制出选区再执行此命令。

直方图面板通过图形方式表示图像中各个色阶数值的变化，以及这些色阶在图像中的分布情况。通过直方图，用户可以快速地浏览图像的色调范围和图像的基本色调类型。直方图左边是图像的暗色调部分；右边是图像的高光部分；中间则是图像的中间调部分。直方图横轴代表色调的数值范围，该数值范围为 0～255；纵轴代表各区域含有的像素数值。

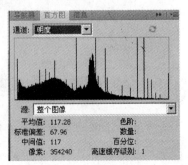

图 3-5　直方图面板

直方图面板中各参数的含义如下。

- 通道：设置图像读取颜色属性的通道。
- 平均值：代表图像色彩的平均亮度值。
- 中间值：图像明亮区中像素数量的总值。
- 像素：图像或选区中像素数量的总值。
- 色阶：对于十字位于表上所在的灰度总值。
- 数量：十字所在位置的像素数目。
- 百分位：十字对水平轴而言的百分位置。
- 高速缓存级别：设置暂存图像的色阶资料。

3.7 快速调整图像

使用 Photoshop 中的"自动色调"、"自动对比度"、"自动颜色"3 个命令，可以自动完成图像的调整。

3.7.1 "自动色调"命令

"自动色调"命令主要用于调整图像的明暗程度，定义每个通道中最亮和最暗的像素作为白色和黑色，然后按比例重新分配其间的像素值。在 Photoshop CS4 中打开素材图片"自动色调.jpg"，然后选择菜单"图像"→"自动色调"命令，原图及效果图如图 3-6 所示。

图 3-6　原图及应用"自动色调"后的效果图

3.7.2 "自动对比度"命令

使用"自动对比度"命令，可以自动调整一幅图像的亮部和暗部的对比度。它将图像中最暗的像素转换成为黑色，将最亮的像素转换为白色，从而增大图像的对比度。在 Photoshop CS4 中打开素材图片"自动对比度.jpg"，然后选择菜单"图像"→"自动对比度"命令，原图及效果图如图 3-7 所示。

图 3-7　原图及应用"自动对比度"后的效果图

3.7.3　"自动颜色"命令

"自动颜色"命令通过搜索图像来标识阴影、中间调和高光,从而调整图像的对比度和颜色。默认情况下,"自动颜色"命令使用 RGB 128 灰色这一目标颜色来中和中间调,并将阴影和高光像素剪切 0%～5%,用户可以在"自动颜色校正选项"对话框中更改这些默认值。该命令没有设立对话框,灵活度很低,有些图片很难调整到满意的颜色效果。在 Photoshop CS4 中打开素材图片"自动颜色.jpg",然后选择菜单"图像"→"自动颜色"命令,原图及效果图如图 3-8 所示。

图 3-8　原图及应用"自动颜色"后的效果图

3.8　图像的色调调整

图像的色调调整主要是对图像进行明暗度和对比度的调整。在 Photoshop CS4 中,图像的色调调整命令主要有"色阶"、"曲线"和"亮度/对比度"命令。

3.8.1　"色阶"命令

使用"色阶"命令可以通过调整图像的阴影、中间调和高光的强度级别来校正图像的色调范围和色彩平衡。"色阶"对话框用于作为调整图像基本色调的直观参考。

用户可以直接在"输入色阶"方框中输入色调值。其中,左侧栏用于设置图像暗部色调,范围为 0～253;右侧栏用于设置图像的亮部色调,范围为 2～255;中间栏用于设置图像的中间色调,范围为 0.10~9.99。

用户也可以通过拖动柱状图下方的 3 个滑块来达到与输入上述数字设置相同的目的,从左到右依次为暗调滑块、中间色滑块、亮部滑块。

通过吸管工具可以准确地设置图像的最暗处、最亮处的色调,从左到右依次为暗调吸管、中间色吸管、亮部吸管。

黑色滑块向右滑动会增加阴影,白色滑块向左滑动会增加亮度。在 RGB 通道中,灰色滑块向左滑动会减少灰度,向右滑动会增加灰度;在红通道中,灰色滑块向左滑动会增加红色,向右滑动会增加绿色;在绿通道中,灰色滑块向左滑动会增加绿色,向右滑动会增加洋红色;在蓝通道中,灰色滑块向左滑动会增加蓝色,向右滑动会增加黄色。

在 Photoshop CS4 中,打开素材图片"色阶.jpg",然后选择菜单"图像"→"调整"→"色阶"命令,如图 3-9 所示。在这张水仙花图的色阶图中,输入就是修改前,输出就是修改后,其范围为 0~255,代表 256 个色调,0 代表黑,128 代表中灰,255 代表白,0~85 为暗部,86~170 为中部,171~255 为高光部分。其中,黑色箭头代表最低亮度,即纯黑,也可以说是黑场,白色箭头代表纯白,灰色箭头代表中间调。在"色阶"对话框中用户可以看出这张图片偏暗。

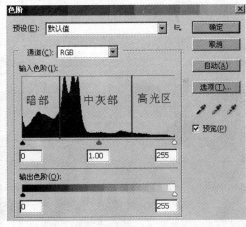

图 3-9　水仙花图及它的"色阶"对话框

灰色箭头代表了中间调在黑场和白场之间的分布比例,如果向暗调区域移动图像将变亮,因为黑场到中间调的这段距离比中间调到高光的距离要短,这代表中间调偏向高光区域更多一些,因此图像变亮了。注意,灰色箭头的位置不能超过黑、白两个箭头之间的范围。

位于下方的输出色阶,用于控制图像中最高和最低的亮度数值。如果将输出色阶的白色箭头移至 200,那么就代表图像中最亮的像素是 200。如果将黑色的箭头移至 60,就代表图像中最暗的像素是 60。

将白色箭头向左拉动,使输入色阶的第 3 项数值减少到 200,观察图像变亮了,如图3-10所示。这相当于合并亮度,也就是说从 200~255 这一段的亮度都被合并了,合并为多少呢?合并为 255。因为白色箭头代表纯白,因此,它所在的地方必须提升到 255,之后的亮度也都统一停留在 255 上,形成了一种高光区域合并的效果。

图 3-10　合并水仙花图高光区域

同样的道理,将黑色箭头向右移动就是合并暗调区域,如图 3-11 所示。

图 3-11　合并水仙花图暗调区域

3.8.2 "曲线"命令

与"色阶"命令相似,"曲线"命令也可以用来调整图像的色调范围。但是,"曲线"命令不是通过定义暗调、中间调和高光 3 个变量来进行色调调整的,它可以对图像的 R(红色)、G(绿色)、B(蓝色)和 RGB 4 个通道中的 0～255 范围内的任意点进行色彩调节,从而创造出更多种色调和色彩效果。选择菜单"图像"→"调整"→"曲线"命令,打开"曲线"对话框,如图 3-12 所示。

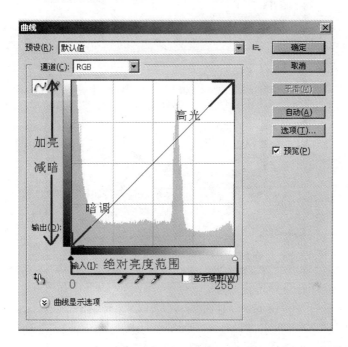

图 3-12 "曲线"对话框

在该对话框中,用户可看到一个设置框,其中有一条呈 45°的线段,它就是我们所说的曲线。其最上方有一个"通道"下拉列表框,在此选择默认的 RGB 选项。

注意,左方和下方有两条从黑到白的渐变条,位于下方的渐变条代表绝对亮度的范围,所有的像素都分布在 0～255 之间。渐变条中间的双向箭头的作用是颠倒曲线的高光和暗调。为保持一致性,我们使用图中默认的左黑右白的渐变条。位于左方的渐变条代表变化的方向,对于线段上的某一个点来说,向上移动就是加亮,向下移动就是减暗。加亮的极限是 255,减暗的极限是 0,因此,它的范围也属于绝对亮度。

在 Photoshop CS4 中打开素材图片"曲线.jpg",然后选择菜单"图像"→"调整"→"曲线"命令,打开"曲线"对话框进行调整,如图 3-13 所示。在曲线上找 3 个点,分别对应原图上的暗区、中间区和高光区,将 3 个点的纵坐标位置上调,意味着 3 个点对应的区域变亮,整张图将会变亮。

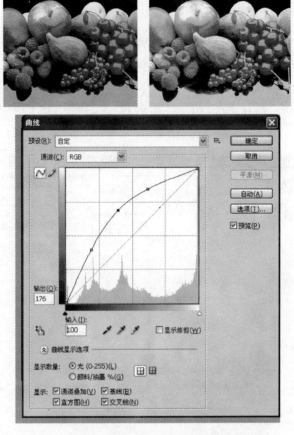

图 3-13　"曲线"对话框及原图和效果图

3.8.3　"亮度/对比度"命令

使用"亮度/对比度"命令可以对图像的色调范围进行简单的调整,该命令对亮度和对比度差异不大的图像进行调整比较有效。在 Photoshop CS4 中打开素材图片"亮度/对比度.jpg",然后选择菜单"图像"→"调整"→"亮度/对比度"命令,打开"亮度/对比度"对话框进行调整,参数设置及原图和效果图如图 3-14 所示。

图 3-14　"亮度/对比度"参数设置及原图和效果图

3.9 图像的色彩调整

通常,在调整色调之后还要进行色彩的调整,Photoshop CS4 提供了多个图像色彩控制命令,用户通过这些命令可以轻松创作出多种色彩效果的图像。但要注意,使用这些命令或多或少要丢失一些颜色数据。因为所有色彩调整操作都是在原图基础上进行的,不可能产生比原图更多的色彩。尽管这种改变在屏幕上不会直接反映出来,但实际上在调整过程中就已经丢失了数据。

3.9.1 "色彩平衡"命令

使用"色彩平衡"命令可以调整彩色图像中颜色的组成,因此,"色彩平衡"命令多用于调整偏色图片,或者用于对突出某种色调范围的图像进行处理。

使用"色彩平衡"命令可以调整图像的总体颜色,对于有较为明显的偏色的图像可以使用该命令进行调整。

在 Photoshop CS4 中打开素材图片"色彩平衡.jpg",然后选择菜单"图像"→"调整"→"色彩平衡"命令,在打开的"色彩平衡"对话框中选择要调整的部位,例如阴影、中间调和高光,调整中间的滑块,例如将整个图片调成偏红,参数设置及原图和效果图如图 3-15 所示。

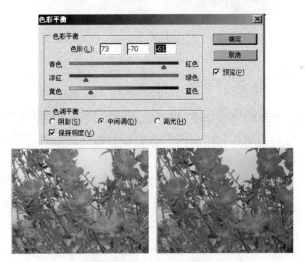

图 3-15 "色彩平衡"参数设置及原图和效果图

3.9.2 "色相/饱和度"命令

"色相/饱和度"命令主要用于改变图像像素的色相、饱和度和明度,而且可以通过给像素定义新的色相和饱和度,实现给灰度图像上色的功能,也可以创作单色调效果。

在 Photoshop CS4 中打开素材图片"色相/饱和度.jpg",然后选择菜单"图像"→"调整"→"色相/饱和度"命令,打开"色相/饱和度"对话框。在其底部有两条彩带,上面一条代表原图色彩,下面一条为变化后的色彩,例如本例中紫色对应的为暗红,参数设置及原图和效果图如图 3-16 所示。

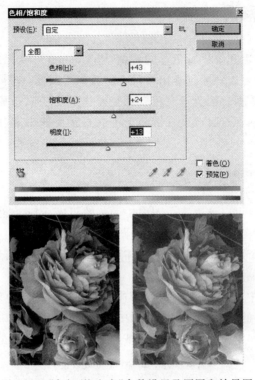

图 3-16 "色相/饱和度"参数设置及原图和效果图

3.9.3 "自然饱和度"命令

使用"自然饱和度"命令调整饱和度,可以在颜色接近最大饱和度时最大限度地减少修剪。该调整增加与已饱和的颜色相比不饱和的颜色的饱和度。"自然饱和度"命令还可以防止照片中人物的肤色过于饱和。

在 Photoshop CS4 中打开素材图片"自然饱和度.jpg",然后选择菜单"图像"→"调整"→"自然饱和度"命令,打开"自然饱和度"对话框进行调整,参数设置及原图和效果图如图 3-17 所示。

图 3-17 "自然饱和度"参数设置及原图和效果图

3.9.4 "替换颜色"命令

使用"替换颜色"命令可以创建临时性的蒙版,以选择图像中特定的颜色,然后替换颜色;也可以设置选定区域的色相、饱和度和亮度,或者使用拾色器来选择替换颜色。

在 Photoshop CS4 中打开素材图片"替换颜色.jpg",然后选择菜单"图像"→"调整"→"替换颜色"命令,在打开的"替换颜色"对话框中利用吸管工具在原图中选取颜色,在选区中用户可以看到选中的图形,利用"添加到取样"和"从取样中减去"两个工具以及调整"颜色容差",可以得到准确的花的选区,在底部"替换"框中调整色相、饱和度和明度,可以将花的颜色替换掉。其参数设置及原图和效果图如图 3-18 所示。

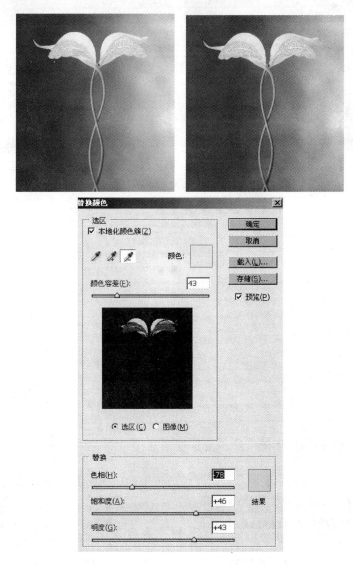

图 3-18 "替换颜色"参数设置及原图和效果图

3.9.5 "可选颜色"命令

使用"可选颜色"命令可以有选择地修改任何主要颜色中的印刷色数量,而不会影响其他主要颜色。

在 Photoshop CS4 中打开素材图片"可选颜色.jpg",然后选择菜单"图像"→"调整"→"可选颜色"命令,打开"可选颜色"对话框调整中性色,加重中性色的黑色和青色,可以得到浓墨重彩的一幅画。其参数设置及原图和效果图如图 3-19 所示。

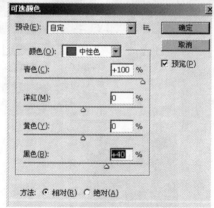

图 3-19 "可选颜色"参数设置及原图和效果图

3.9.6 "通道混合器"命令

"通道混合器"命令主要用于混合当前颜色通道中的像素与其他颜色通道中的像素,以此来改变主通道的颜色,创造一些其他颜色调整工具不易完成的效果。选择的图像颜色模式不同,打开的"通道混合器"对话框会略有不同。"通道混合器"命令只能用于 RGB 和 CMYK 模式图像,并且在执行该命令之前,必须在通道面板中选择主通道,而不能选择分色通道。

在 Photoshop CS4 中打开素材图片"通道混合器.jpg",然后选择菜单"图像"→"调整"→"通道混合器"命令打开"通道混合器"对话框进行调整,参数设置及原图和效果图如图 3-20 所示。

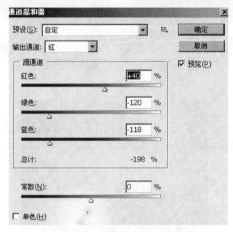

图 3-20 "通道混合器"参数设置及原图和效果图

3.9.7 "匹配颜色"命令

使用"匹配颜色"命令可以在多个图像、图层或者色彩选区之间对颜色进行匹配，以调整图像的亮度、色彩饱和度和色彩平衡。如果是调整单幅图像文件中的颜色，而不是匹配两幅图像文件之间的颜色，那么所校正的图像既是源图像，又是目标图像。

在 Photoshop CS4 中打开素材图片"匹配颜色源.jpg"和"匹配颜色目的.jpg"，将其中一张图的色彩匹配到另一张图上。选择菜单"图像"→"调整"→"匹配颜色"命令，打开"匹配颜色"对话框进行调整，参数设置及原图和效果图如图 3-21 所示。

图 3-21 "匹配颜色"参数设置及原图和效果图

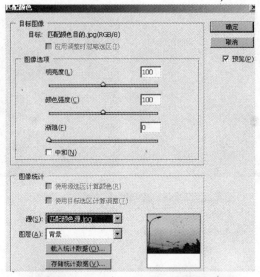

图 3-21　（续）

3.9.8 "阴影/高光"命令

"阴影/高光"命令适用于校正由强逆光形成剪影的照片，或者校正由于太接近相机闪光灯而有些发白的焦点。在用其他方式采光的图像中，这种调整也可用于使阴影区域变亮。

在 Photoshop CS4 中打开素材图片"阴影/高光.jpg"，然后选择菜单"图像"→"调整"→"阴影/高光"命令，打开"阴影/高光"对话框进行调整，参数设置及原图和效果图如图 3-22 所示。

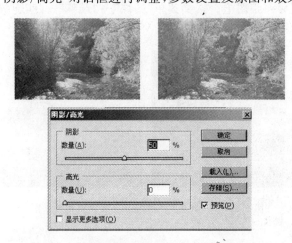

图 3-22　"阴影/高光"参数设置及原图和效果图

3.9.9 "渐变映射"命令

使用"渐变映射"命令可以将所设置的渐变填充样式映射到相等的原图像范围中,如果设置多色渐变填充样式,可以将所渐变填充的起始位置颜色映射到图像中的暗调图像区域,将终止位置颜色映射到高光图像区域,将起始位置和终止位置之间的颜色分层次映射到中间调图像区域。

在 Photoshop CS4 中打开素材图片"渐变映射.jpg",然后选择菜单"图像"→"调整"→"渐变映射"命令,打开"渐变映射"对话框进行调整,参数设置及原图和效果图如图 3-23 所示。

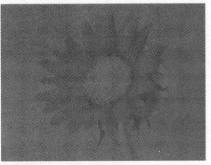

图 3-23 "渐变映射"参数设置及原图和效果图

3.9.10 "照片滤镜"命令

使用"照片滤镜"命令可以模拟在相机镜头前加彩色滤镜的效果,还可以将特定的色相调整应用到图像上。

在 Photoshop CS4 中打开素材图片"照片滤镜.jpg",然后选择菜单"图像"→"调整"→"照片滤镜"命令,打开"照片滤镜"对话框进行调整,参数设置及原图和效果图如图 3-24 所示。

图 3-24 "照片滤镜"参数设置及原图和效果图

图 3-24　（续）

3.9.11　"变化"命令

使用"变化"命令可以预览图像或选区调整前和调整后的缩略图，从而使用户更加准确、方便地调整图像或选区的色彩平衡、对比度和饱和度。

在 Photoshop CS4 中打开素材图片"变化.jpg"，然后选择菜单"图像"→"调整"→"变化"命令，打开"变化"对话框进行调整，参数设置及原图和效果图如图 3-25 所示。

图 3-25　"变化"参数设置及原图和效果图

3.9.12 "曝光度"命令

使用"曝光度"命令可以调整曝光度不足的图像文件。在打开的"曝光度"对话框中,"曝光度"选项用于调整色调范围的高光端,对极限阴影的影响很小。"位移"选项可使阴影和中间调变暗,对高光的影响很小。

在 Photoshop CS4 中打开素材图片"曝光度.jpg",然后选择菜单"图像"→"调整"→"曝光度"命令,打开"曝光度"对话框进行调整,参数设置及原图和效果图如图 3-26 所示。

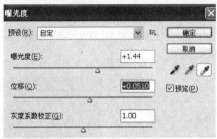

图 3-26 "曝光度"参数设置及原图和效果图

3.10 特殊色调调整

使用"去色"、"反相"、"色调均化"、"阈值"和"色调分离"命令可以更改图像中的颜色或亮度值,但它们通常用于增强颜色和产生特殊效果,不用于校正颜色。

3.10.1 "去色"命令

使用"去色"命令可以消除彩色图像中色相和饱和度的颜色数据信息,使其成为具有原图像颜色模式的灰度图像。

使用"去色"命令和将图像转换成灰度模式都能制作黑白图像,但"去色"命令不更改图像的颜色模式。

在 Photoshop CS4 中打开素材图片"去色.jpg",然后选择菜单"图像"→"调整"→"去色"命令,原图和效果图如图 3-27 所示。

图 3-27　原图和使用"去色"命令的效果图

3.10.2 "反相"命令

使用"反相"命令可以创建类似于照片底片的图像效果,该命令常用于处理反转转换扫描的负片成正片的图像。使用"反相"命令可以将图像的色彩进行反相,以原图像的补色显示,用于制作胶片效果。该命令是唯一一个不丢失颜色信息的命令,再次执行该命令可恢复原图像。

在 Photoshop CS4 中打开素材图片"反相.jpg",然后选择菜单"图像"→"调整"→"反相"命令,原图和效果图如图 3-28 所示。

图 3-28　原图和使用"反相"命令的效果图

3.10.3 "色调均化"命令

使用"色调均化"命令可以重新分布图像中像素的亮度值,以便它们更均匀地呈现所有范围的亮度级。"色调均化"命令将重新映射复合图像中的像素值,使最亮的值呈现为白色,最暗的值呈现为黑色,而中间的值均匀地分布在整个灰度中。当扫描的图像显得比原稿暗,并且用户想平衡这些值以产生较亮的图像时,可以使用"色调均化"命令。

在 Photoshop CS4 中打开素材图片"色调均化.jpg",然后选择菜单"图像"→"调整"→"色调均化"命令,原图和效果图如图 3-29 所示。

图 3-29　原图和使用"色调均化"命令的效果图

3.10.4　"阈值"命令

　　使用"阈值"命令可以将一张灰度图像或彩色图像转换为高对比度的黑白图像。在打开的"阈值"对话框中,用户可以在"阈值色阶"文本框中指定亮度值作为阈值,其变化范围是1～255,图像中所有亮度值比它小的像素都将变为黑色,而所有亮度值比它大的像素都将变为白色,用户也可以通过直接调整滑块对其进行调整。

　　在 Photoshop CS4 中打开素材图片"阈值.jpg",然后选择菜单"图像"→"调整"→"阈值"命令,原图和效果图如图 3-30 所示。

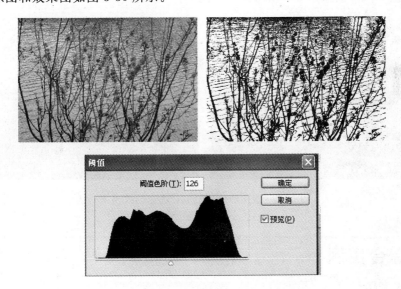

图 3-30　"阈值"参数设置及原图和效果图

3.10.5　"色调分离"命令

　　使用"色调分离"命令可以为图像的每个颜色通道定制亮度级别,只要在"色阶"文本框中输入需要的色阶数,就可以将像素以最接近的色阶显示出来,色阶数越大颜色的变化越细腻,色调分离效果不是很明显,相反,色阶数越少效果越明显。

在 Photoshop CS4 中打开素材图片"色调分离.jpg",然后选择菜单"图像"→"调整"→"色调分离"命令,将"色阶"调为 4,原图和效果图如图 3-31 所示。

图 3-31　原图和使用"色调分离"命令的效果图

3.10.6　"黑白"命令

使用"黑白"命令可以将彩色图像转换为灰度图像,同时保持对各颜色的转换方式的完全控制,用户也可以通过对图像应用某种色调为灰度图像着色。

在 Photoshop CS4 中打开素材图片"黑白.jpg",然后选择菜单"图像"→"调整"→"黑白"命令,原图和效果图如图 3-32 所示。

图 3-32　原图和使用"黑白"命令的效果图

3.11　综合实例

3.11.1　给黑白照片上色

本实例将介绍如何制作为黑白照片上色的效果。在本实例的制作中,使用通道来抠取人物的头发,使用蒙版和"色相/饱和度"命令为人物的皮肤、眼睛和嘴唇上色。在制作过程中,用户要注意图层的顺序以及使用通道对发丝的抠取,并且要注意对色相调整参数的设置。

通过本实例的制作,用户将熟悉通道和蒙版在调色中的应用。

操作步骤如下:

(1) 在 Photoshop CS4 中选择菜单"文件"→"打开"命令,打开人物素材图片"实例一.jpg",然后按快捷键 Ctrl+J 复制背景图层得到背景副本,更名为皮肤,如图 3-33 所示。

图 3-33 人物素材及图层面板

(2) 打开通道面板,复制蓝色通道,然后选择蓝副本通道,选择菜单"图像"→"调整"→"亮度/对比度"命令,参数设置如图 3-34 所示,选择菜单"图像"→"调整"→"色阶"命令,参数设置及效果如图 3-35 所示。再选择画笔工具用白色抹去除头发以外的其他部分,效果如图 3-35 所示。

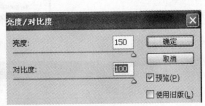

图 3-34 通道面板及"亮度/对比度"参数设置

(3) 按住 Ctrl 键单击蓝副本通道,回到图层面板,然后单击图层面板下方的第 3 个按钮——"蒙版"按钮,为皮肤图层添加蒙版,如图 3-36 所示。

(4) 选中皮肤图层的图像,选择菜单"图像"→"调整"→"色相/饱和度"命令,打开"色相/饱和度"对话框,参数设置如图 3-37 所示,注意一定要选择"着色"复选框,此时,除头发以外的所有色彩都发生了变化。

(5) 设置前景色为黑色,选中背景图层,按快捷键 Ctrl+J 复制背景图层得到背景副本,并更名为"眼睛"。然后选中"皮肤"上面的一层,选择菜单"图像"→"调整"→"色相/饱和度"命令,参数设置如图 3-38 所示。接着添加图层蒙版,选中蒙版,按快捷键 Alt+Delete 将蒙版层涂黑,用白色画笔涂眼睛部分。

图 3-35　"色阶"参数设置及效果图和使用画笔工具效果图

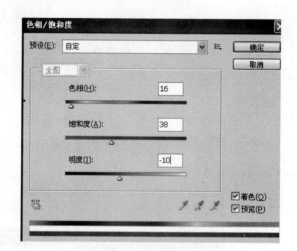

图 3-36　图层面板　　　　　　　　　图 3-37　"色相/饱和度"参数设置

图 3-38　眼睛"色相/饱和度"参数设置

（6）选中背景图层，按快捷键Ctrl＋J复制背景图层得到背景副本，并更名为"嘴"。然后选中"眼睛"上面的一层，选择菜单"图像"→"调整"→"色相/饱和度"命令，参数设置如图3-39所示，注意一定要选择"着色"复选框。接着添加图层蒙版，选中蒙版，按快捷键Alt＋Delete将蒙版层涂黑，用白色画笔涂嘴部分。

图3-39　嘴"色相/饱和度"参数设置

（7）单击图层面板下面的第4个按钮，选择"色彩平衡"命令添加色彩平衡，参数设置如图3-40所示。最终的图层面板和彩色照片如图3-41所示。

图3-40　图层面板及"色彩平衡"参数设置

图3-41　图层面板及最终彩色照片

3.11.2　夕阳下的海景

本实例介绍一张数码照片的调色方法。照片拍摄的是暮色下的海面，整个照片的色调偏冷，没有夕阳下浓烈的暖色效果。本实例通过色调调整命令来调整这张照片的色调，获得一种夕阳下的色彩效果。

本实例在制作过程中,使用了"色阶"命令、"色彩平衡"命令、"变化"命令、"曲线"命令以及"亮度/对比度"命令。通过本实例的制作,用户将进一步了解各种色调调整命令的使用,掌握使用这些命令调整图像色调的方法。

操作步骤如下:

(1)在 Photoshop CS4 中选择菜单"文件"→"打开"命令,打开素材图片"实例二.jpg",然后选择菜单"图像"→"调整"→"色阶"命令,参数设置及素材图片如图 3-42 所示。

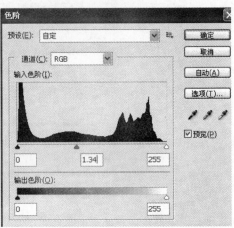

图 3-42　素材图片及"色阶"参数设置

(2)选择菜单"图像"→"调整"→"色彩平衡"命令,打开"色彩平衡"对话框,分别选择"中间调"、"阴影"、"高光"单选按钮,参数设置如图 3-43 所示。

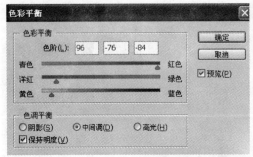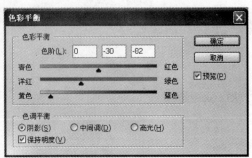

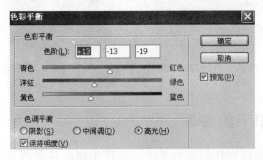

图 3-43　"色彩平衡"中的阴影、中间调、高光参数设置

　　（3）选择菜单"图像"→"调整"→"变化"命令，打开"变化"对话框，单击"加深黄色"缩略图一次，"加深红色"缩略图一次，如图 3-44 所示。

图 3-44　变化参数（1）

　　（4）选择"饱和度"单选按钮，单击增加饱和度缩略图两次，调整图像的饱和度，如图 3-45 所示。

图 3-45　变化参数（2）

（5）选择菜单"图像"→"调整"→"曲线"命令，打开"曲线"对话框，在"通道"下拉列表框中分别选择 RGB、"红"、"绿"选项，参数设置如图 3-46 所示。

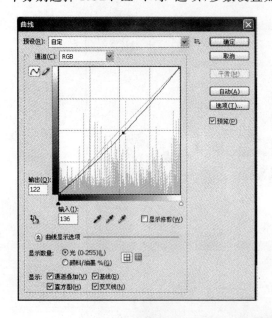
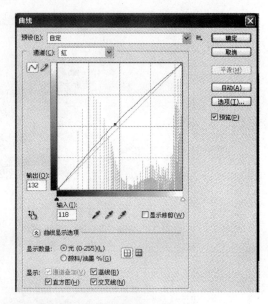

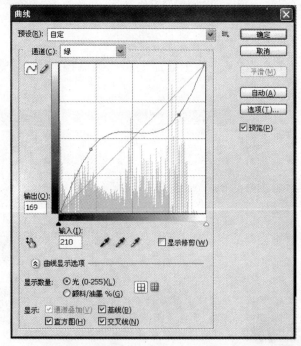

图 3-46　"曲线"中的 RGB、红和绿参数设置

（6）选择菜单"图像"→"调整"→"亮度/对比度"命令，适当调整整个图像的亮度/对比度。用户对效果满意后，保存文档，完成本实例的制作。"亮度/对比度"参数设置和最终效果图如图 3-47 所示。

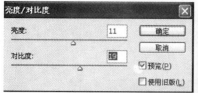

图 3-47 "亮度/对比度"参数设置和最终效果图

3.12 拓展实例：美丽的王子山

3.12.1 实例简介

距离广东培正学院不远处有一座美丽的王子山，相传古代有一王子带着百万军队南巡百越，路经此地，恰遇洪水泛滥。为了保护民众的生命财产，王子和百万官兵跳入水中组成拦洪人墙。洪水退后，王子站过的地方变成了一座高山。王子山上林木茂密，奇花异草争奇斗艳，连绵起伏的山峰苍翠欲滴，山溪、瀑布星罗棋布于深山幽谷之中。

让我们一起来看一下王子山的山和水，用 Photoshop 的调色功能来调出王子山的四季风景，如图 3-48 所示。

图 3-48 王子山的四季风景

3.12.2　实例操作步骤

1. 制作王子山的春天

（1）打开素材图片"拓展实例.jpg"，将背景图层进行复制，得到"春景层"。

（2）选择菜单"图像"→"调整"→"曲线"命令，打开"曲线"对话框，参数设置如图 3-49 所示，于是春景图就出现了。

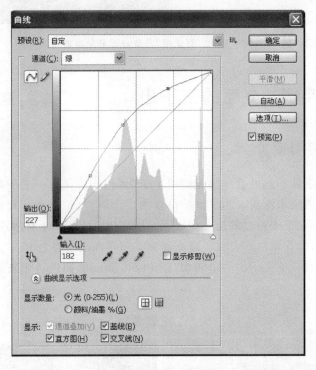

图 3-49　"曲线"参数设置

2. 制作王子山的夏天

（1）打开素材文件"拓展实例.jpg"，将背景图层进行复制，得到"夏景层"。

（2）选择菜单"图像"→"调整"→"色阶"命令，打开"色阶"对话框，参数设置如图 3-50 所示，于是夏景图就出现了。

3. 制作王子山的秋天

（1）打开素材文件"拓展实例.jpg"，将背景图层进行复制，得到"秋景层"。

（2）选择菜单"图像"→"调整"→"曲线"命令，打开"曲线"对话框，选择"红"通道，参

图 3-50　色阶调整图

数设置如图 3-51 所示,于是秋景图就出现了。

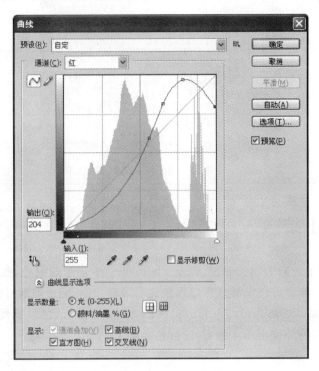

图 3-51 调整曲线

4. 制作王子山的冬天

(1) 打开素材文件"拓展实例.jpg",将背景图层进行复制,得到"冬景层"。然后打开通道面板,复制"红"通道,对红副本通道的对比度进行调整,参数设置如图 3-52 所示。

图 3-52 通道面板及"亮度/对比度"参数设置

(2) 返回冬景层,激活红副本通道(按住 Ctrl 键单击红副本通道),将其载入选区。

(3) 对激活的选择区域填充白色,多操作几次,效果如图 3-53 所示,于是冬景图就出现了。

图 3-53　通道载入选区图

3.13　本章小结

本章主要介绍了色彩的相关知识，以及 Photoshop 中常用的颜色、色调处理命令，通过本章的练习和案例，读者应该掌握色彩原理和色彩编辑功能，能正确地对图像进行色彩校正和色调处理；应该基本了解通道与色彩的关系，掌握色阶、曲线、色彩平衡和色彩/饱和度等知识，并能利用色彩特性校正图像色彩，进行色彩加工。

习题 3

1. 下面对"色阶"命令的描述正确的是(　　)。

　　A. 减小"色阶"对话框中"输入色阶"最右侧的数值将导致图像变亮

　　B. 减小"色阶"对话框中"输入色阶"最右侧的数值将导致图像变暗

　　C. 增加"色阶"对话框中"输入色阶"最左侧的数值将导致图像变亮

　　D. 增加"色阶"对话框中"输入色阶"最左侧的数值将导致图像变暗

2. 下列色彩调整命令可以提供精确调整的是(　　)。

　　A. 色阶　　　　　　　　　　　B. 亮度/对比度

　　C. 曲线　　　　　　　　　　　D. 色彩平衡

3. 当图像偏蓝时，使用"变化"命令应当给图像增加(　　)。

　　A. 蓝色　　　　　　　　　　　B. 绿色

　　C. 黄色　　　　　　　　　　　D. 洋红

4. 下列能正确设定图像的白点(白场)的方法是(　　)。

　　A. 选择工具箱中的吸管工具在图像的高光处单击

　　B. 选择工具箱中的颜色取样器工具在图像的高光处单击

　　C. 在"色阶"对话框中选择白色吸管工具并在图像的高光处单击

　　D. 在"色彩范围"对话框中选择白色吸管工具并在图像的高光处单击

5. 在"色阶"对话框中，"输入色阶"的水平轴表示的是下列(　　)数据。

　　A. 色相　　　　　　　　　　　B. 饱和度

　　　C. 亮度　　　　　　　　　　　　　D. 像素数量

6. 选择菜单"图像"→"调整"→"色阶"命令后,在打开的对话框中单击"选项"按钮,会打开"自动颜色校正选项"对话框,该对话框中的选项设定会影响下列(　　　)命令的作用效果。

　　　A. 自动色阶　　　　　　　　　　　B. 自动对比
　　　C. 自动颜色　　　　　　　　　　　D. 亮度/对比度

7. 关于"图像"→"调整"→"色阶"命令,下列说法正确的是(　　　)。

　　　A. 在任何情况下,"色阶"对话框中的直方图与直方图面板中的直方图是完全一样的
　　　B. 将"色阶"对话框中"输入色阶"中间的灰色三角向左移动,作用是压缩暗调层次,拉开亮调层次
　　　C. 使用"色阶"对话框右下角的黑色吸管在画面中单击,可以实现对图像的黑场定标
　　　D. 使用"色阶"命令可以单独针对某个通道进行层次调节

8. 关于"图像"→"调整"→"去色"命令的使用,下列描述正确的是(　　　)。

　　　A. 使用此命令可以在不转换色彩模式的前提下,将彩色图像变成灰度图像,并保持原来像素的亮度不变
　　　B. 如果当前图像是一个多图层的图像,此命令只对当前选中的图层有效
　　　C. 如果当前图像是一个多图层的图像,此命令会对所有的图层有效
　　　D. 此命令只对像素图层有效,对文字图层无效,对使用图层样式产生的颜色也无效

第 4 章

绘 图

本章学习目标：

- 熟练掌握绘制图像、编辑图像、修饰图像、填充图像等工具的使用方法；
- 了解路径与路径面板的知识；
- 熟练掌握路径绘制工具、形状绘制工具的使用方法。

本章主要向读者介绍绘制、编辑图像与图形的各种工具的使用方法，读者可以运用这些工具充分发挥自己的创造性，对图像或图形进行各种各样的编辑与修饰，制作出具有艺术效果的作品。

4.1　图像的绘制与编辑

绘图是制作图像的基础，在 Photoshop CS4 中，工具箱中提供的绘图工具在绘图与修饰图像方面起着重要的作用，使用绘图工具可以直接在绘图区中绘制图形，对图像进行各种编辑与修饰，从而制作出具有艺术效果的作品。

4.1.1　使用绘图工具绘制图像

绘图工具主要包括画笔工具、铅笔工具、颜色替换工具、历史记录画笔工具、历史记录艺术画笔工具，它们都属于画笔类工具，通过这类工具，用户可以轻松地完成对图像的绘制。

1. 画笔工具

使用画笔工具可以在图像上绘制各种边缘较好的笔触效果，笔触颜色与当前的前景色相同，也可以创建柔和的描边效果。单击工具箱中的"画笔工具"按钮，在图 4-1 所示的"画笔工具"属性栏可以设置画笔的模式、不透明度及流量，并可启用喷枪功能。

图 4-1　"画笔工具"属性栏

提示：按 B 键即可选择画笔；按快捷键 Shift＋B 能够在画笔工具、铅笔工具和颜色替换工具之间进行切换；按住 Shift 键拖动鼠标，可以强制使用画笔工具绘制一条直线。

在开始使用画笔工具绘图之前，首先要进行画笔预设，包括选择所需的画笔笔尖的形状和大小，设置不透明度、流量等画笔属性，然后通过选择菜单"窗口"→"画笔"命令，打开画笔面板进行详细设置,如图 4-2 所示(注意,橡皮擦工具、仿制图章工具等属性栏中有"画笔"选项的工具,都可以按照以下方法设置笔尖形状)。

1)"画笔笔尖形状"选项

在画笔面板中单击"画笔笔尖形状"选项,会打开相应的控制面板(见图 4-2),选择不同的笔尖形状,可以绘制不同的图形。

各选项的含义如下。

- 直径:用来控制画笔的大小,最大取值为 2500 像素。
- 翻转 X 和翻转 Y:选择此复选框可以更改所选画笔的显示方向。
- 角度:用于控制画笔的角度,所设置的角度在"圆度"发生变化时有效。
- 圆度:用于控制画笔长轴和短轴的比例,其取值范围为 0%～100%。
- 硬度:用于控制画笔边缘的虚实程度,其取值范围为 0%～100%。数值越大,画笔边缘越清晰。
- 间距:用于控制画笔笔触之间的距离,取值范围为 1%～1000%。数值越大,笔触之间的距离越大。

2)"形状动态"选项

在画笔面板中单击"形状动态"选项,会打开相应的控制面板,如图 4-3 所示。"形状动态"选项可以在已经指定了画笔大小等参数值的状态下,通过改变画笔大小、角度及扭曲画笔等方式增加画笔的动态效果。

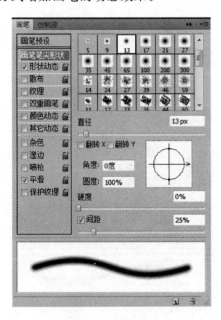

图 4-2 画笔面板

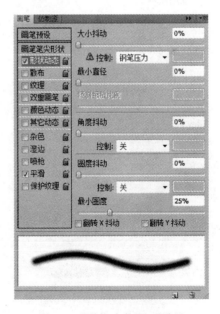

图 4-3 "形状动态"选项设置

各选项的含义如下。

- 大小抖动:用于设置动态元素的自由随机度。当数值设置为 100% 时,用画笔绘制的线条会出现最大的自由随机度。
- 最小直径:用来设置画笔标记点的最小尺寸,它是以画笔直径的百分比为基础的,取值范围为 1％～100％。

- 角度抖动：用于控制画笔在绘制线条时标记点角度的动态变化效果。
- 控制：提供多种角度抖动方式供用户选择。
- 圆度抖动：用于设置画笔在绘制线条时标记点圆度的动态变化效果。
- 最小圆度：用于控制画笔标记点的最小圆度，它的百分比是以画笔短轴和长轴的比例为基础的。

3）"散布"选项

在画笔面板中单击"散布"选项，会打开相应的控制面板，如图 4-4 所示。"散布"选项忽略所设置的画笔间距，使画笔图像在一定范围内自由散布。

各选项的含义如下。

- 散布：用于控制画笔绘制的线条中标记点的分布效果。数值越高，散布的位置和范围越随机。选择"两轴"复选框，画笔标记点将以放射状分布；取消选择"两轴"复选框，画笔标记点的分布和画笔绘制的线条方向垂直。
- 数量：用来设置每个空间间隔中标记点的数量。
- 数量抖动：用来定义每个空间间隔中画笔标记点的数量变化。

4）"纹理"选项

在画笔面板中单击"纹理"选项，会打开相应的控制面板，如图 4-5 所示。"纹理"选项可以使画笔纹理化，用系统纹理填充画笔图像区域，但是这种填充效果只有在画笔不透明度小于 100％时才有效。

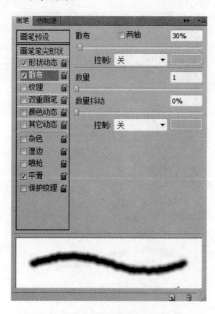

图 4-4　"散布"选项设置

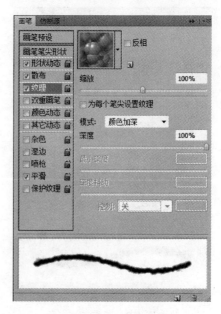

图 4-5　"纹理"选项设置

各选项的含义如下。

- 缩放：用来控制图案的缩放比例。
- 为每个笔尖设置纹理：选择此复选框，"最小深度"和"深度抖动"选项将被激活。
- 模式：用于设置画笔和图案之间的混合模式。

- 深度：用于设置画笔混合图的深度。当数值为 0% 时，只有画笔的颜色，图案不显示；当数值为 100% 时，只显示图案。
- 最小深度：用于控制画笔渗透图案的最小深度。
- 深度抖动：用于控制画笔渗透图案的深度变化。

5）"双重画笔"选项

在画笔面板中单击"双重画笔"选项，会打开相应的控制面板，如图 4-6 所示。双重画笔就是两种画笔效果的混合，即首先在"模式"下拉列表框中选择原始画笔，然后在画笔选项框中选择一种笔尖作为第 2 个画笔，并将这两个画笔混合而成。"双重画笔"中各个选项的设置都是针对第 2 个画笔的。

6）"颜色动态"选项

在画笔面板中单击"颜色动态"选项，会打开相应的控制面板，如图 4-7 所示。"颜色动态"选项用于设置画笔绘制前景色与背景色相互混合的颜色效果。

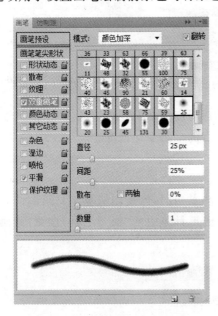

图 4-6 "双重画笔"选项设置

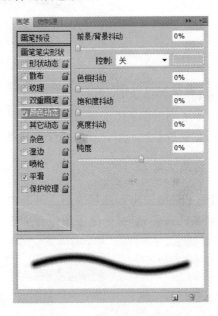

图 4-7 "颜色动态"选项设置

各选项的含义如下。

- 前景/背景抖动：用于控制前景色和背景色的混合程度，数值越大，颜色变化越多。
- 色相抖动：用于控制绘制线条的色相动态变化的范围。
- 饱和度抖动：用于控制饱和度的混合程度。
- 亮度抖动：用于控制亮度的混合程度。
- 纯度：用于控制混合后的整体颜色，数值越小，混合后的颜色越接近无色；数值越大，混合后的颜色越纯。

7）"其他动态"选项

在画笔面板中单击"其他动态"选项，会打开相应的控制面板，如图 4-8 所示。"其他动态"选项用于控制画笔绘制过程中透明度和压力变化的效果。

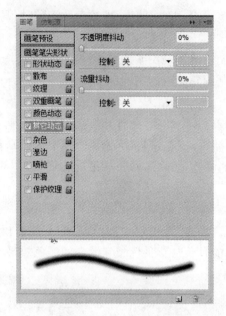

图 4-8 "其他动态"选项设置

各选项的含义如下。

- 不透明抖动：用于设置画笔绘制线条的不透明度的动态变化情况。
- 流量抖动：用于设置画笔绘制线条的流畅度的动态变化情况。

2. 铅笔工具

铅笔工具的使用方法和画笔工具的使用方法基本相同,但使用铅笔工具绘制的是硬边直线,线条比较尖锐,对于位图图像特别有用。单击工具箱中的"铅笔工具"按钮,其属性栏如图 4-9 所示。

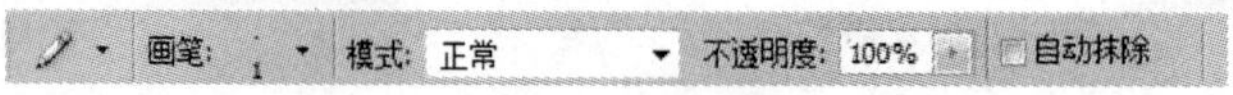

图 4-9 "铅笔工具"属性栏

铅笔工具比画笔工具多了一个"自动抹除"复选框。选择此复选框,所绘制的效果与鼠标起始点的像素有关,当鼠标起始点的像素颜色与前景色相同时,铅笔工具可表现出橡皮擦功能,并以背景色绘图;如果绘制时鼠标起始点的像素颜色不是前景色,则所绘制的颜色是前景色。

提示：在按住 Shift 键的同时单击"铅笔工具"按钮,然后在图像中拖动鼠标可绘制直线。

3. 颜色替换工具

使用颜色替换工具能够简化图像中特定颜色的替换,该工具可用于校正颜色,但不适用于位图、索引或多通道色彩模式的图像。单击工具箱中的"颜色替换工具"按钮,其属性栏如图 4-10 所示。

图 4-10 "颜色替换工具"属性栏

4. 历史记录画笔工具

历史记录画笔工具可以将处理后的图像恢复到指定状态,而且历史记录画笔工具必须和历史记录面板配合使用。单击工具箱中的"历史记录画笔工具"按钮,其属性栏如图 4-11 所示。

图 4-11 "历史记录画笔工具"属性栏

历史记录画笔工具不仅可以方便地恢复图像至任意操作,还可以结合属性栏中的笔刷形状、不透明度和色彩混合模式等选项制作出特殊效果。此工具与历史记录面板配合使用,可以有选择地恢复图像的某一部分。

提示:按 Y 键即可选择历史记录画笔工具,按快捷键 Shift+Y 能够在历史记录画笔工具和历史记录艺术画笔工具之间进行切换。

5. 历史记录艺术画笔工具

历史记录艺术画笔工具可用指定的历史状态或快照作为绘画来源绘制各种艺术效果。单击工具箱中的"历史记录艺术画笔工具"按钮,然后用户可以根据属性栏中提供的多种样式对图像进行各种艺术效果处理,如图 4-12 所示。

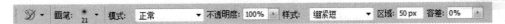

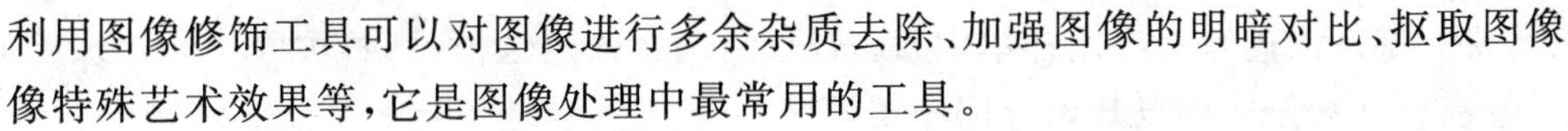

图 4-12 "历史记录艺术画笔工具"属性栏

4.1.2 修饰图像

利用图像修饰工具可以对图像进行多余杂质去除、加强图像的明暗对比、抠取图像、制作图像特殊艺术效果等,它是图像处理中最常用的工具。

1. 修复图像画面的瑕疵

Photoshop CS4 提供了修复有问题图像的工具,主要有污点修复画笔工具、修复画笔工具、修补工具、红眼工具、仿制图章工具和图案图章工具,通过这些工具,用户可以对图像中的瑕疵进行涂抹,有效地清除图像中的杂质、刮痕和褶皱等瑕疵,还原完美的图像效果。

1) 污点修复画笔工具

污点修复画笔工具主要用于快速修复图像中的污点和其他不理想的部分。它的工作原理与修复画笔工具相似,都是从图像或图案中提取样本像素来涂改需要修复的地方,使需要修复的地方与样本像素在纹理、亮度和透明度上保持一致。单击工具箱中的"污点修复画笔工具"按钮,其属性栏如图 4-13 所示。

图 4-13　"污点修复画笔工具"属性栏

该属性栏中各选项的含义如下。

- 模式:可以选择不同的混合模式。
- 类型:可以选择修复后的图像效果。其中,选择"近似匹配"单选按钮,则使用选区边缘周围的像素来查找要用作选区域修补的图像;选择"创建纹理"单选按钮,则使用选中的所有像素创建用于修复该区域的纹理。
- 对所有图层取样:选择该复选框,模糊处理可以对所有图层中图像进行操作;若取消选择该复选框,模糊处理只能对当前图层中的图像进行操作。

选择污点修复画笔工具,然后在图像中想要去除的污点上单击或拖动鼠标,即可去掉污点。

2)修复画笔工具

使用修复画笔工具能够修复图像中的瑕疵,使瑕疵与周围的图像相融合。在使用该工具修复图像时,同样可以利用图像或图案中的样本像素进行绘画。单击工具箱中的"修复画笔工具"按钮,其属性栏如图 4-14 所示。

图 4-14　"修复画笔工具"属性栏

该属性栏中各选项的含义如下。

- 画笔:可设置笔尖的形状、大小、硬度和角度等。
- 模式:可选择不同的混合模式。
- 源:可用于设置修复画笔工具复制图像的来源。选择"取样"单选按钮,则必须按住 Alt 键在图像中取样,然后对图像进行修复;选择"图案"单选按钮,则可单击"图案"右侧的下拉按钮,从弹出的预设图案样式中选择一种图案对图像进行修复。
- 对齐:选择该复选框会以当前取样点为基准连续取样,无论是否连续地进行修补操作,都可以连续地应用样本像素;若取消选择该复选框,则每次停止和继续绘画时,都会从初始取样点开始应用样本像素。

3)修补工具

使用修补工具可以用其他区域或图案中的像素来修复选区内的图像。修补工具与修复画笔工具一样,能够将样本像素的纹理、光照和阴影等与源像素进行匹配。不同的是,前者用画笔对图像进行修复,而后者通过选区进行修复。单击工具箱中的"修补工具"按钮,其属性栏如图 4-15 所示。

图 4-15　"修补工具"属性栏

该属性栏中各选项的含义如下。

- 修补：选择"源"单选按钮，拖动图像中的选区到另一区域，则原选区中的图像会用目标位置处的图像填充；选择"目标"单选按钮，拖动图像中的选区到另一区域，则会用原选区中的图像填充目标区域中的图像。
- 透明：选择该复选框可设置修补区的透明度。
- 使用图案：可设置修补区使用图案填充，并将图案整合到背景图像中。

4）红眼工具

在夜晚的灯光下或使用闪光灯拍摄人物照片时，通常会出现眼球变红的现象，这种现象称为红眼现象。利用 Photoshop CS4 中的红眼工具，可以修复人物照片中的红眼，也能修复动物照片中的白色或绿色反光。单击工具箱中的"红眼工具"按钮，其属性栏如图 4-16 所示。

图 4-16　"红眼工具"属性栏

该属性栏中各选项的含义如下。

- 瞳孔大小：可以设置瞳孔（眼睛暗色部分的中心）的大小。
- 变暗量：可以设置瞳孔的暗度，百分比越大越暗。

5）仿制图章工具

仿制图章工具用来合成图像，将某部分图像或定义的图案复制到其他位置。单击工具箱中的"仿制图章工具"按钮，其属性栏如图 4-17 所示。

图 4-17　"仿制图章工具"属性栏

该属性栏中各选项的含义如下。

- 画笔：可选择图章的画笔形状及大小。
- 对齐：选择该复选框，不论中间停留多长时间，再按鼠标左键复制图像时都不会间断图像的连续性，即可以连续复制多个相同的图像；若取消选择该复选框，中途停止后，再复制时将会以再次单击的位置为中心，从最初取样点进行复制。

操作方法：首先按住 Alt 键用鼠标在图像中的适当位置单击取样，选中要复制的样本图像，然后在图像的目标位置单击并拖动鼠标复制图像。此工具可以将样本图像复制到不同文件的其他图像或同一文件图像的其他部分，也可以将一个图层的一部分复制到另一个图层。

提示：按 Shift 键将强迫橡皮图章工具以直线的方式复制；按 Ctrl 键将暂时把橡皮图章工具切换成移动工具。

6）图案图章工具

使用图案图章工具可用预先定义的图案作为复制对象进行复制，从而将定义的图案复制到图像中。它和仿制图章工具相似，区别是图案图章工具不在图像中取样，而是利用属性栏中的图案进行绘画，即从图案库中选择图案或自己创建图案来进行绘画。单击工具箱中的"图案图章工具"按钮,其属性栏如图 4-18 所示。

图 4-18 "图案图章工具"属性栏

2．修饰图像画面

在处理图像时,用户有时需要对图像画面的细节部分进行处理,Photoshop CS4 提供了用于图像画面处理的工具,下面分别进行介绍。

1）减淡工具

使用减淡工具能够对图像的暗调进行处理,表现图像中的高亮度效果。单击工具箱中的"减淡工具"按钮,其属性栏如图 4-19 所示。

图 4-19 "减淡工具"属性栏

该属性栏中各选项的含义如下。

- 范围:用于设置减淡工具所用的色调。其中,"中间调"选项用于调整中等灰度区域的亮度,"阴影"选项用于调整阴影区域的亮度,"高光"选项用于调整高亮度区域的亮度。

- 曝光度:用于设置图像的减淡程度,其取值范围为 0%～100%,输入的数值越大,对图像减淡的效果越明显。

操作方法:使用减淡工具在特定的图像区域内进行单击或拖动,然后让图像的局部颜色减淡,变得更加明亮。减淡工具对处理图像中的高光非常有用。

2）加深工具

加深工具与减淡工具的功能相反,使用加深工具可以改变图像特定区域的曝光度,使图像变暗,表现图像中的阴影效果。单击工具箱中的"加深工具"按钮,其属性栏如图 4-20所示。

图 4-20 "加深工具"属性栏

操作方法:利用该工具在图像中涂抹即可将图像的颜色加深,使图像的亮度降低。

3）海绵工具

海绵工具主要用于增加或减少图像的饱和度。在灰度模式下,通过使灰阶远离或靠近中间灰度色调来增加或降低图像的对比度。单击工具箱中的"海绵工具"按钮,其属性栏如图 4-21 所示。

图 4-21 "海绵工具"属性栏

该属性栏中各选项的含义如下。

- 模式：用于设置饱和度调整模式。其中，"降低饱和度"模式可降低图像颜色的饱和度，使图像中的灰度色调增强；"饱和"模式可增加图像颜色的饱和度，使图像中的灰度色调减少。
- 流量：用于控制笔画的深浅。

在特定的区域内拖动，海绵工具会根据图像的不同特点来改变图像的颜色饱和度和亮度，能够自然地调节图像的色彩效果，从而让图像的色彩效果更完美。

4）模糊工具

模糊工具可以柔化图像中突出的色彩和较硬的边缘，使图像中的色彩过渡平滑，从而达到模糊图像的效果，使图像更加柔和。单击工具箱中的"模糊工具"按钮，其属性栏如图 4-22 所示。

图 4-22 "模糊工具"属性栏

该属性栏中各选项的含义如下。

- 模式：可以设置画笔的模糊模式，包括正常、变暗、变亮、色相、饱和度、颜色和明度。
- 强度：可以设置图像处理的模糊程度，数值越大，模糊效果越明显。
- 对所有图层取样：选择该复选框，模糊处理可以对所有图层中的图像进行操作；若取消选择该复选框，模糊处理只能对当前图层中的图像进行操作。

5）锐化工具

锐化工具与模糊工具的功能正好相反，主要用于在图像的指定范围内进行涂抹，以增加图像颜色的强度，使颜色柔和的线条更锐利，使图像的对比度更明显，从而使图像变得更清晰。单击工具箱中的"锐化工具"按钮，其属性栏如图 4-23 所示。

图 4-23 "锐化工具"属性栏

6）涂抹工具

使用涂抹工具可以模拟手指涂抹绘制的效果，在图像区域中涂抹像素，扭曲图像的边缘，创造柔和或模糊的效果。当图像中颜色与颜色的边界生硬时使用涂抹工具进行涂抹，能够使图像的边缘部分变得柔和。单击工具箱中的"涂抹工具"按钮，其属性栏如图 4-24 所示。

图 4-24 "涂抹工具"属性栏

该属性栏中各选项的含义如下。

- 手指绘画：选择该复选框，可以设置涂抹的颜色，即在图像中涂抹时用前景色与图像中的颜色相混合；如果不选择该复选框，涂抹工具使用的颜色来自每一笔起点处的颜色。

- 对所有图层取样：选择该复选框，涂抹工具可以对所有可见图层中的图像颜色进行涂抹；如果不选择该复选框，涂抹工具只使用当前图层的颜色。

3. 擦除图像

在处理图像的过程中，用户可以利用 Photoshop CS4 提供的工具擦除不需要的图像部分。这些工具在工具箱的橡皮擦工具组中，如图 4-25 所示。

1) 橡皮擦工具

图 4-25　橡皮擦工具组

使用橡皮擦工具时，被擦除的图像部分显示设置的背景色颜色。单击工具箱中的"橡皮擦工具"按钮，其属性栏如图 4-26 所示。

图 4-26　"橡皮擦工具"属性栏

该属性栏中各选项的含义如下。

- 模式：用于设置所要进行的擦除模式。其中，"画笔"选项以画笔效果进行擦除；"铅笔"选项以铅笔效果进行擦除；"块"选项以方块形状进行擦除。
- 抹到历史记录：选择该复选框，使用橡皮擦工具如同使用历史记录画笔工具一样，可将指定的图像区域恢复到快照或某一操作步骤的状态。

注意：

(1) 在背景图或部分锁定的图层内使用橡皮擦工具擦除图像，擦除区域的颜色用背景色取代，但在未被锁定的图层中使用橡皮擦工具擦除图像，则擦除区域的颜色用透明色取代。

(2) 按 Shift 键，将强迫橡皮擦工具以直线方式擦除。

(3) 按 Ctrl 键切换为移动工具。

2) 背景橡皮擦工具

使用背景橡皮擦工具可以擦除图层中指定范围图像的颜色像素，并用透明色替换被擦除的图像区域。在使用背景橡皮擦工具擦除图像时，可以指定不同的取样和容差来控制透明度的范围和边界的锐化程度。单击工具箱中的"背景橡皮擦工具"按钮，其属性栏如图 4-27 所示。

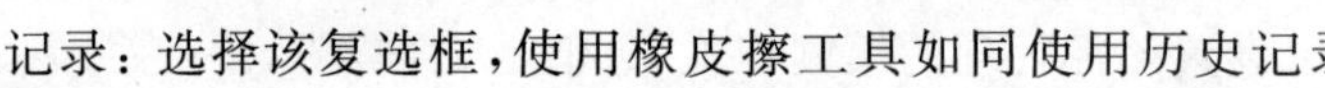

图 4-27　"背景橡皮擦工具"属性栏

该属性栏中各选项的含义如下。

- 画笔：用于设置画笔的直径、硬度、间距等属性。
- 限制：用于设置擦除的限制方式。其中，使用"连续"方式擦除时将擦除图层上所有的取样颜色；使用"不连续"方式擦除时只擦除与擦除区域相连的颜色；使用"查找边缘"方式擦除时能较好地保留擦除位置颜色反差较大的边缘轮廓。
- 容差：用于确定擦除图像或选区的颜色容差范围。

- 保护前景色：用于防止擦除与属性栏中颜色相匹配的区域。

3）魔术橡皮擦工具

使用魔术橡皮擦工具可以擦除图像中与单击处的颜色相近的区域，并且以透明色代替被擦除的图像区域。其擦除的范围由属性栏中的容差值来控制。单击工具箱中的"魔术橡皮擦工具"按钮，其属性栏如图 4-28 所示。

图 4-28 "魔术橡皮擦工具"属性栏

该属性栏中各选项的含义如下。

- 容差：可以设置擦除颜色范围的大小，数值越小，擦除的范围越小。
- 消除锯齿：选择该复选框，可以消除擦除图像时的边缘锯齿现象。
- 连续：选择该复选框，则在擦除时只对连续的、符合颜色容差要求的像素进行擦除。

4.2 矢量图形的绘制与编辑

矢量图形是使用形状工具或路径工具绘制的直线和曲线。矢量图形与分辨率无关，因此，它们在调整大小、打印输出、存储为 PDF 文件时会保持清晰的边缘，不会失真。

4.2.1 使用形状绘制工具绘制图形

Photoshop CS4 自带了 6 种形状绘制工具，包括矩形工具、圆角矩形工具、椭圆工具、多边形工具、直线工具和自定形状工具。

1. 矩形工具

使用矩形工具可以绘制任意方形或具有固定长宽的矩形形状，并且可以为绘制的形状添加样式效果。图 4-29 所示为"矩形工具"属性栏。

图 4-29 "矩形工具"属性栏

该属性栏中各选项的含义如下。

- 绘图方式选择区：单击其中的"形状图层"按钮，可以在绘制图形的同时创建一个形状图层。形状图层包括图层缩略图和矢量蒙版缩略图两个部分；单击"路径"按钮可以直接绘制路径；单击"填充像素"按钮可以在图像窗口中绘制图像并进行填充，如同使用画笔工具在图像中填充颜色一样。
- 工具选择区：在该选择区中可以单击选择绘制形状或路径的工具，例如钢笔工具、矩形工具等。
- "几何选项"按钮：单击工具选择区右侧的"几何选项"按钮，可以设置绘制具有固定大小和比例的矩形。

- 绘图模式区：可以实现形状的相加、相减或相交等效果。
- 绘图样式：用于为绘制的形状选择一种特殊样式。图 4-30 所示为使用"蓝色玻璃"样式后绘制的矩形形状。

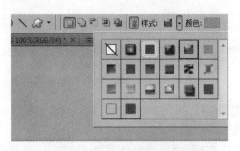

图 4-30　使用"蓝色玻璃"样式后绘制的矩形形状

提示：矩形工具和矩形选框工具都能用于绘制矩形形状的图像。不同的是，使用矩形工具能够绘制出矩形形状的路径，而矩形选框工具没有此功能。按 U 键能够选择矩形工具，按快捷键 Shift＋U 能够在矩形工具、圆角矩形工具等工具之间进行切换。

2．圆角矩形工具

圆角矩形工具用于绘制具有圆角半径的矩形图形。对该工具的属性栏中的"半径"选项进行设置，可以控制圆角矩形 4 个圆角的弧度。图 4-31 所示为"圆角矩形工具"属性栏。

图 4-31　"圆角矩形工具"属性栏

3．椭圆工具

使用椭圆工具可以绘制正圆或椭圆形状，它比矩形工具少了一个"对齐像素"复选框。图 4-32 所示为"椭圆工具"属性栏。

图 4-32　"椭圆工具"属性栏

使用椭圆工具和椭圆选框工具都能够绘制椭圆形状，但使用椭圆工具能够绘制路径，以及使用属性栏中的"样式"对形状进行填充。

4．多边形工具

多边形工具用于绘制不同边数的多边形形状图案或路径。图 4-33 所示为"多边形工具"属性栏。

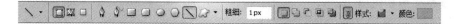

图 4-33 "多边形工具"属性栏

该属性栏中各选项的含义如下。

- 边：设置所绘制多边形的边数或星形的顶角数。
- 半径：用于定义星形或多边形的半径。该选项是在单击"几何选项"按钮后，在打开的下拉面板中显示的选项，下同。
- 平滑拐角：选择该复选框后，所绘制的星形或多边形具有圆滑拐角效果。
- 星形：选择该复选框后，可绘制星形形状。
- 缩进边依据：用于定义星形的缩进量。
- 平滑缩进：选择该复选框后，所绘制的星形将尽量保持平滑。

5．直线工具

直线工具用于在图像窗口中绘制不同线宽的直线图形。用户在属性栏中可以根据不同的需要设置其线条或路径的粗细程度，还可以根据需要为直线增加单向或双向箭头。图 4-34 所示为"直线工具"属性栏。

图 4-34 "直线工具"属性栏

该属性栏中各选项的含义如下。

- "起点"和"终点"复选框：如果要绘制带箭头的直线，则选择对应的复选框。选择"起点"复选框，表示箭头产生在直线起点，选择"终点"复选框，表示箭头产生在直线末端。注意，这两个复选框是在单击"几何选项"按钮后，在打开的下拉面板中显示的选项，下同。
- "宽度"和"长度"文本框：用于定义箭头的大小。
- "凹度"文本框：用于定义箭头的尖锐程度。

6．自定形状工具

自定形状工具用于绘制各种不规则的形状，例如人物、动物等，大大简化了绘制复杂形状的难度。在该工具的属性栏中单击"形状"选项右侧的下三角按钮，在打开的列表框中提供了多种形状。用户根据不同的需要可以选择不同的形状，然后在图像窗口中单击并拖动鼠标绘制即可，如图 4-35 所示。

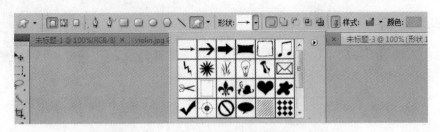

图 4-35 "自定形状工具"属性栏

4.2.2 编辑形状

形状图层在完成后可进行再编辑，包括改变形状、改变颜色、将形状转换为普通图层等。

1. 改变形状图层的颜色

形状图层由图层缩略图和矢量蒙版缩略图两个部分组成。图层缩略图用于显示形状图层的颜色，双击图层缩略图可以打开"拾色器"对话框修改形状图层的颜色。

2. 通过路径改变形状

矢量蒙版缩略图可用于改变形状的外形，如果此蒙版为空，则形状图层的颜色会覆盖整个图像，单击该缩略图即可选中其中的路径，以便在该蒙版中继续绘制路径或对其进行编辑。

3. 栅格化形状图层

形状图层具有矢量特征，在该图层中不能使用画笔工具、渐变工具等对像素进行处理。若要对图像进行处理，需将形状图层转换为普通图层。在图层面板中单击形状图层右侧的空白处，选择"栅格化图层"命令即可栅格化形状图层，将其转换为普通图层。

4.2.3 使用路径绘制工具绘制矢量图形

1. 路径的概念

路径是由一系列锚点连接起来的线段或曲线，每个锚点间的曲线形状可以是任意的。路径由锚点、方向线、方向点和曲线线段等部分组成，如图 4-36 所示。

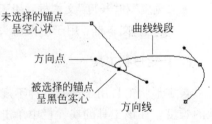

图 4-36 路径的组成

路径有以下特点：

（1）使用路径可以进行复杂图像的选取，还可以沿路径用颜色描边或填充路径。

（2）用户可将路径转换为选区或将选区转换为路径，路径也可以存储起来以便多次使用。

（3）通过对路径的编辑、修改可以绘制线条平滑、优美的图形。

（4）路径分为直线路径和曲线路径两种类型，直线路径由锚点和路径线组成，曲线路径比直线路径多了控制手柄功能，拖动它可以任意调整曲线路径的弧度。

提示：使用路径绘制工具绘制的是不包含像素的矢量对象。因此，路径与位图图像是有区别的，路径不会被打印出来。

2. 认识路径面板

路径面板主要用于对路径进行管理，完成路径的基本操作、编辑修改以及应用，如图 4-37 所示。

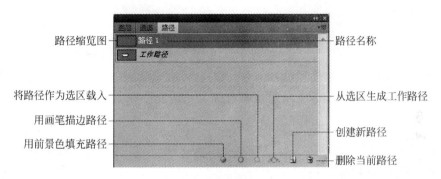

图 4-37　路径面板

创建路径后，用户可以通过路径面板对路径进行填充、描边、创建选区等操作。

3. 路径的创建

1）钢笔工具

钢笔工具用于绘制复杂或不规则的形状或曲线。按 P 键可以选择钢笔工具，按快捷键 Shift+P 能够在钢笔工具、自由钢笔工具、添加锚点工具等工具之间进行切换。图 4-38 所示为"钢笔工具"属性栏。

图 4-38　"钢笔工具"属性栏

2）绘制直线路径

单击工具箱中的"钢笔工具"按钮，然后在图像中单击创建直线路径的起点，再将鼠标指针移动到适当位置单击即可创建直线路径。

3）绘制曲线路径

（1）绘制一般的曲线路径：单击工具箱中的"钢笔工具"按钮，在图像中单击（创建起始定位点）并拖动到任一位置（即确定方向点）可创建一条方向线，然后将钢笔移动到其他位置单击（确定终了定位点，也可称为第二定位点）可创建一段曲线。定位点与方向点构成了方向线，曲线由起始定位点开始，并与起始定位点处的方向线相切，至结束定位点。

（2）绘制平滑的曲线路径：先用钢笔工具单击并拖动定位点，然后在第二定位点处单击并拖动，在创建一段曲线的同时为第二定位点确定方向线，然后单击第三定位点的位置并拖动……如此可绘制出一系列连续的平滑曲线。

（3）绘制带拐角的曲线：用上述方法绘制一条曲线后，确定曲线的终了定位点时按住鼠标不放，然后按住 Alt 键，此时，钢笔工具被切换成转换点工具，拖动方向点到合适的位置绘制出一条新的方向线后，释放 Alt 键和鼠标。此后，再添加的曲线即会按新的方向线生成，相邻两条曲线间即形成了一个拐角。用户也可以在绘制第一条曲线时用单击的方法确定终了定位（即不添加方向线），待曲线生成后再单击终了定位点并拖动形成任意角度的方向线，从而绘制出带拐角的曲线。如果在曲线生成后单击其他位置，即可产生与曲线相连的直线。

4）创建闭合路径

如果要对路径进行填充和将路径转换为选区，必须创建闭合路径，也就是起点和终点合一的路径。

5）自由钢笔工具

选择自由钢笔工具并按住鼠标在图像中拖动，可随意绘制曲线形成路径，就像用铅笔在纸上绘画一样。使用自由钢笔工具可以创建不太精确的路径，图 4-39 所示为"自由钢笔工具"属性栏。

图 4-39　"自由钢笔工具"属性栏

若选择属性栏中的"磁性的"复选框，该工具将变成磁性钢笔工具，在绘制路径时，磁性钢笔工具会随鼠标的移动自动地在曲线上添加锚点。

提示：使用自由钢笔工具建立路径后，按 Ctrl 键，可将钢笔工具切换为直接选择工具。按住 Alt 键，移动光标到锚点上，此时钢笔工具将变为转换点工具。若移动到开放路径的两端，将变为自由钢笔工具，并可继续绘制路径。

4．路径编辑

1）添加和删除锚点与转换点

（1）添加锚点：单击钢笔工具组中的"添加锚点工具"按钮，然后在路径上的适当地方单击即可添加锚点。

（2）删除锚点：单击钢笔工具组中的"删除锚点工具"按钮，然后选择路径上的某个锚点单击即可删除锚点。锚点越少，图像越光滑。

（3）转换锚点：转换点工具主要用于调整绘制完成的路径上的锚点的属性。将光标放在要更改的锚点上单击，当前锚点的类型即可在平滑点和直角点之间进行转换。

2）调整路径

如果对已有的路径进行调整，首先要使用路径选择工具或直接选择工具选择路径或其中的锚点，然后再进行调整操作。

（1）直接选择工具：直接选择工具主要用于对路径锚点进行选择，并结合 Ctrl 键对结点进行调整，以便于对部分路径的形状进行变换。

操作方法：移动鼠标至需要选择的路径上单击，然后选中锚点，此时选中锚点的状态为实心效果，再将选中的锚点移动至适当位置。按住 Ctrl 键可移动整个路径。

提示：当需要在路径上同时选择多个锚点时，按住 Shift 键，然后选择各锚点（单击或框选都可以）。若要选择路径中的所有锚点，按住 Alt 键单击路径，此时，所有锚点会显示为黑色，即表示选中所有锚点。

（2）路径选择工具：在 Photoshop CS4 中，当需要对整个路径进行选择与位置调整时，需要使用路径选择工具。选择该工具后，将鼠标移动到需要选择的路径上单击，可以完成对路径的选择，并且可以对选中路径的位置进行移动。

3）复制路径

在 Photoshop CS4 中，复制路径有以下 3 种方法：

（1）直接用鼠标将需要复制的路径拖动到路径面板底部的"创建新路径"按钮上复制路径。

（2）单击路径面板右上角的 按钮，在弹出的路径面板菜单中选择"复制路径"命令，设置适当的参数后，单击"确定"按钮复制路径。

（3）用直接选择工具可移动路径中的某个定位点或线段，在按住 Alt 键的同时用直接选择工具单击路径的任一处可选择整个路径，此时可以对整个路径进行拖动。如果继续按住 Alt 键并拖动直接选择工具，可将路径复制到新的位置。

4）路径与选区的转换

选中路径后，单击路径面板底部的"将路径作为选区载入"按钮即可将路径转换为选区；而单击"从选区生成工作路径"按钮可将当前选区转换为路径。

5）填充路径

填充路径是指定前景色、背景色或图案填充路径包围的区域。注意：在填充前要先设置好前景色或背景色，如果是使用图案填充，则要先将需要的图像定义成图案。

填充路径的方法如下：

（1）打开素材图片"violin.jpg"，并用磁性钢笔工具绘制需填充的路径，如图 4-40 所示。

图 4-40 绘制路径

（2）单击路径面板右上角的 按钮，在弹出的路径面板菜单中选择"填充路径"命令，打开"填充路径"对话框,如图 4-41 所示。

(3) 在"使用"下拉列表框中选择"图案"填充方式,并将"不透明度"设置为 80%,然后单击"确定"按钮,效果如图 4-42 所示。

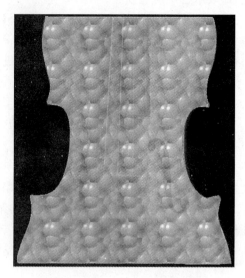

图 4-41　"填充路径"对话框　　　　　　图 4-42　使用图案填充路径效果

6）描边路径

在 Photoshop CS4 中,可以使用工具箱中的画笔、橡皮擦和图章等工具来描边路径,沿着路径绘制图像或修饰图像。

操作方法:选择和设置绘图工具与修饰工具,然后绘制路径,最后对路径执行"描边路径"命令。

7）删除路径

在 Photoshop CS4 中,删除路径有以下两种方法:

(1) 选择需删除的路径,拖动到路径面板中的"删除当前路径"按钮上,即可删除路径。

(2) 选择需删除的路径,单击路径面板右上角中的 按钮,在弹出的路径面板菜单中选择"删除路径"命令,即可删除路径。

8）显示和隐藏路径

在路径面板中选择需隐藏的路径,然后按快捷键 Ctrl+H 可将路径隐藏,再次按快捷键 Ctrl+H 可将路径显示。

4.3　综合实例

4.3.1　绘制风景画

1. 实例简介

在蓝天、白云下,辽阔翠绿的青草地上,不远处有农户,房子清晰可见,房后有数棵果树,房前有清澈的小溪流过,远处有层叠起伏的山峦,想必这秀丽的风光,还在明媚的阳光照耀下吧!

2．实例步骤

(1) 在 Photoshop CS4 中选择菜单"文件"→"新建"命令,新建一幅画布:高 15cm、宽 20cm、RGB、白色背景、名称为"风景画.psd"。

(2) 打开图层面板,单击"创建新图层"按钮 ⬜ 新建图层,命名为"草地",如图 4-43 所示。

(3) 使用套索工具(羽化值为 10)绘制近处的草地图形,如图 4-44 所示。然后设置"前景色"为绿色,用油漆桶工具填充选区。

图 4-43　新建"草地"图层

图 4-44　"套索工具"属性栏

(4) 绘制青草:

① 选择菜单"滤镜"→"杂色"→"添加杂色"命令,打开如图 4-45 所示的对话框,设置参数,然后单击"确定"按钮,在草地选区上添加杂色。

② 选择菜单"滤镜"→"模糊"→"动感模糊"命令,打开"动感模糊"对话框,设置参数,然后单击"确定"按钮,产生青草。接着,在某些地方用加深工具进行加深处理,增加草地的立体感,效果如图 4-46 所示。

(5) 新建一个图层,命名为"远山",然后用类似的方法绘制远方的山地,形成层叠的山峦,要点如下:

- 填充深的灰蓝色;
- 用加深、减淡、涂抹等工具,形成远近不同的山峦(近山较亮、远山较暗,且可以看到凹凸不平的阴影);

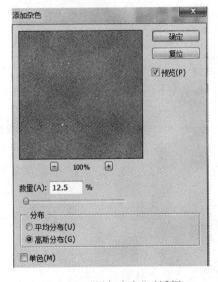

图 4-45　"添加杂色"对话框

- 适当调整该图层的亮度/对比度使层次更明显。

完成后的效果如图 4-47 所示。

(6) 描绘出天空区域,要点如下:

- 创建新图层,命名为"蓝天";
- 使用渐变工具(直线渐变),设置前景色为蓝色、前景色为白色,从上往下拖动鼠标产生渐变效果,绘制出远方的天空,如图 4-48 所示。

(7) 创建新图层,命名为"云",然后选择菜单"滤镜"→"渲染"→"云彩"命令,为天空区

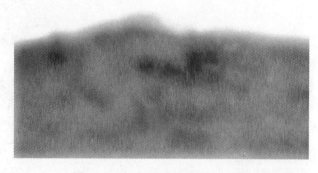

图 4-46　完成"动感模糊"后的效果

图 4-47　完成"远山"后的效果

图 4-48　完成"蓝天"后的效果

域添加云彩。接着选择椭圆工具,设置其羽化值为 $12\sim20$,描绘云彩,并填充为淡灰色,效果如图 4-49 所示。

（8）创建房子：

① 新建一个图层,命名为"房子"。

② 用矩形选框工具、油漆桶工具和自由变换工具,依次绘制屋顶、前墙、侧墙。注意,透视角度及侧面屋顶和墙的光线应当较暗。

③ 房顶用图层特效产生立体效果。

④ 选择菜单"滤镜"→"纹理"→"纹理化"命令,为前墙加上砖块效果,并用喷枪与适当的散点笔刷加上一些污点。

图 4-49　添加云彩

⑤ 对整间房子的大小和位置做统一的调整，效果如图 4-50 所示。

图 4-50　添加房子

（9）打开素材图片"两棵树.psd"，将其中的树木插入到新的图层，并适当调整其大小和位置，给房子和树木加上阴影，如图 4-51 所示。

图 4-51　插入树木

（10）创建小溪：

① 使用钢笔工具描出小溪的路径并保存为"小溪路径"。

② 新建图层，命名为"小溪"，然后把"小溪路径"转换为选区，并填充白色(溪水)。

③ 使用喷枪工具喷上浅蓝绿色,并降低不透明度,使溪水显得清澈。

④ 对整幅风景画做全局修饰和调整,以达到满意的效果。

最终效果如图 4-52 所示。

图 4-52　风景画最终效果

4.3.2　制作"星光暗淡"

1. 实例简介

漆黑的夜空,繁星璀璨,月色朦胧;寂寞嫦娥,要遨游太空;双扉略启,广袖飞舞;仙境绝色,星光暗淡。

2. 实例步骤

(1) 在 Photoshop CS4 中,选择菜单"文件"→"新建"命令,新建一幅画布:高 15cm、宽 10cm、RGB、黑色背景、名称为"星光暗淡.psd"。

(2) 创建一个新图层,命名为"上半月亮",用椭圆工具绘制出一个圆形选区,并填充古铜色。然后复制图层,命名为"下半月亮",并用桔黄色填充。接着用区域减选法,在这两层中删去多余的部分,得到上、下分开的两半边月亮图形,效果如图 4-53 所示。

(3) 选择菜单"滤镜"→"模糊"→"高斯模糊"命令,分别对两半月亮进行高斯模糊,如图 4-54 所示。

图 4-53　月亮图形效果

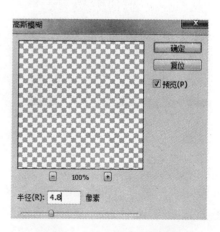

图 4-54　"高斯模糊"对话框

（4）选择椭圆工具，设置羽化值为 20，绘制适当的选区，然后分别在两半月亮图层做删除操作，以进一步模糊两半月亮的内边界。

（5）加强月亮的立体感，在此使用加深和减淡工具，使月亮的左上半减淡、右下半加深。

（6）打开素材图片"小仙女.psd"复制粘贴小仙女到新图层，并适当调整其大小和位置，如图 4-55 所示。

（7）绘制仙女下凡之路：

① 用钢笔工具绘制仙女下凡的路径，修整好形状，并保存路径为"下凡路"。

② 创建新图层，命名为"下凡之路"，然后把路径转换成选区，在该选区填充浅灰蓝色。

③ 选择菜单"滤镜"→"杂色"→"添加杂色"命令，加入杂色（数量为 66），并进行模糊化处理（0°，距离为 48），然后用图层特效形成立体效果（光泽、斜面浮雕，并做适当调整）。

④ 适当羽化选区，模糊路的边缘。

效果如图 4-56 所示。

（8）增加渲染效果（产生光环）：

① 重新调整小仙女的位置、大小、色彩平衡、亮度/对比度。

② 选中小仙女，添加图层外发光特效（扩展为 14、大小为 204、范围为 14、抖动为 0，透明彩虹渐变，不透明度为 38、杂色为 0）。

最终效果如图 4-57 所示。

图 4-55　插入仙女图像

图 4-56　完成"下凡路"后的效果

图 4-57　"星光暗淡"最终效果

4.3.3　制作"枫叶飘飘"

1. 实例简介

使用钢笔工具、喷枪工具及定义笔刷功能绘制各种形状的枫叶。

2. 实例步骤

（1）在 Photoshop CS4 中，选择菜单"文件"→"新建"命令，新建一幅画布：宽度为 12cm、高度为 10cm、分辨率为 72，背景透明，名称为"枫叶飘飘.psd"。

（2）打开素材图片"枫叶素材.psd"，用钢笔工具描绘枫叶外形产生路径，并将路径移动复制到"枫叶飘飘.psd"的画布中。

（3）调整枫叶图形的形状（把拐角调圆），将枫叶图形轮廓保存为路径，名称为"枫叶"，如图 4-58 所示。

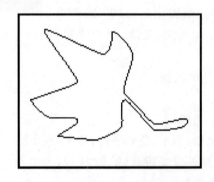

图 4-58　枫叶的路径形状

（4）将当前路径转换为选区，并填充绿色。

（5）选择菜单"滤镜"→"模糊"→"动感模糊"命令，打开"动感模糊"对话框，设置距离为 10、角度为−9，使枫叶产生飘起来的效果。

（6）选择菜单"滤镜"→"杂色"→"添加杂色"命令，打开"添加杂色"对话框，为枫叶添加杂色，数量为 11.2%。

（7）按快捷键 Ctrl＋T 将枫叶尽可能缩小，并将图形移到窗口的左上角（以便使用时定位）。

（8）选中"枫叶"图像，选择菜单"编辑"→"定义画笔预设"命令，打开"画笔名称"对话框，将"枫叶"定义为画笔，如图 4-59 所示。

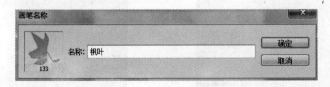

图 4-59　定义画笔的名称

（9）使用喷枪工具，选取刚才定义的枫叶画笔，设置不同的前景色，喷出多片不同颜色的枫叶（按下鼠标直到颜色合适），最终效果如图4-60所示。

图4-60 最终效果

4.4 本章小结

本章主要学习绘制与编辑图像和图形的工具和方法。通过本章的练习和案例，读者应该了解路径与路径面板的知识，能够熟练运用绘图工具绘制图像、运用形状工具与路径工具绘制图形，同时还要熟练运用各种编辑工具对图像与图形进行编辑修改，并配合其他工具制作出精美的图像。

习题 4

1. 建立一个新文件：640px×480px，72dpi，RGB 模式，要求完成以下操作，最终效果如图 4-61 所示。

图4-61 第1题效果图

（1）打开素材图片"Yps2-01.jpg"，使用路径工具将小鸟的外轮廓绘制成一个封闭的图形（小鸟的腿部和爪部不用绘制）。

（2）将小鸟图形完整地复制到新文件中，再复制一次，将两次复制的图形分别放置在左、右两侧（要求有两个独立轮廓）。

（3）将左侧轮廓填充纯蓝色，并加纯白色圆点作为眼睛。

（4）将右侧轮廓中央填充纯黄色，并加纯红色圆点作为眼睛。然后用纯红色将四周喷成立体效果，在右下侧喷出简单的阴影效果。

（5）将最终完成的文件以 Xps2-01.psd 名称保存。

2. 建立一个新文件：640px×480px，72dpi，RGB 模式，要求完成以下操作，最终效果如图 4-62 所示。

（1）打开素材图片"Yps1-02.jpg"，以其全部图像作为图素，重复填充到新文件中，作为背景。

（2）在新文件中绘制立体球图案，球体为纯白色与纯黄色的渐变色，要求有轻微白色的背光效果。

（3）在新文件中绘制叶子图案，形状近似即可（用套索工具），要求所有边线为曲线段，以纯绿色填充。

（4）在新文件的左侧绘制竖向排列的"EGGS" 4 个英文字母，尺寸为 100px，字体为 Arial，加粗字型；字型加有 5px 宽的纯红色边。在新文件的右侧竖向排列的"LEAF" 4 个英文字母，尺寸为 100px，字体为 Arial，加粗字型，斜线的填充色为纯蓝色。

（5）保证所有色彩值正确，将最终完成的文件以 Xps1-02.psd 名称保存。

图 4-62　第 2 题效果

第5章

图层和图层样式的应用

本章学习目标：

- 掌握图层的基础知识；
- 掌握图层的基本操作；
- 掌握图层的混合模式；
- 掌握图层样式。

本章首先介绍图层的基本知识，然后介绍图层的基本操作和图层混合模式，最后介绍图层样式，对于每个知识点都给出了相应的实例。

5.1 图层概述

5.1.1 什么是图层

Photoshop CS4 中的图层就是一张张堆叠在一起的"图纸"。各图层按顺序排列，上面图层中的图像覆盖下面图层中的图像。每一个图层中没有图像的区域是透明的区域，透出下一图层的图像。各个图层相互独立，用户可以任意修改某个图层中的图像，而不会破坏其他图层的图像，如图 5-1 所示。

图 5-1　图层示意图

5.1.2　图层面板

选择菜单"窗口"→"图层"命令，可以打开图层面板。在没有打开任何图像文件时，图层面板是一个空的面板。在打开图像文件时，图层面板显示文件中的图层信息，如图 5-2 所示。

单击图层面板右上角的面板菜单按钮 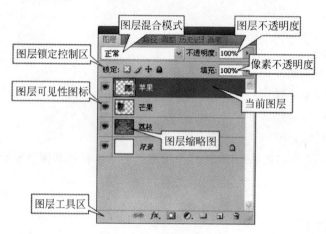 可以打开图层面板菜单，其中提供了图层操作的常用命令，如图 5-3 所示。

图 5-2　图层面板

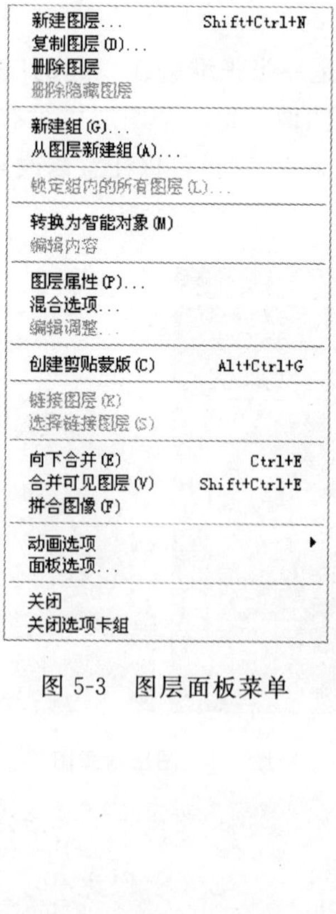

图 5-3　图层面板菜单

5.1.3　图层类型及特点

图层分为背景图层、普通图层、调整图层、填充图层、文字图层和形状图层六大类。

1．背景图层

背景图层是专门被用作图像背景的不透明的特殊图层。背景图层只能在图层面板的最底层，不能改变它的顺序、位置、不透明度和图层混合模式，其名称始终为"背景"。在背景图层上双击更改图层的名称，可以将背景图层转换成普通图层，如图 5-4 所示。

图 5-4　将背景图层转换为普通图层

2．普通图层

普通图层是透明图层。在已有图像文件上新建的图层为透明图层。选择菜单中的"图层"→"新建"→"背景图层"命令可以将普通图层转换成背景图层，如图 5-5 所示。

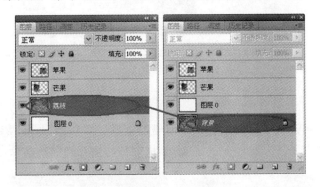

图 5-5　将普通图层转换为背景图层

3．调整图层

调整图层是一种只包含色彩和色调信息，不包括任何图像的图层。在 Photoshop CS4 中，调整图层默认调整它下一图层的色彩和色调，且不影响原图层的图像。关闭或删除调整图层，它下面的图层便会恢复原有的色彩和色调，如图 5-6 所示。

4．填充图层

填充图层是一种只包含纯色、渐变、图案等填充信息，不包含任何图像的图层。它一般

图 5-6 打开和关闭调整图层对比

与剪贴路径共同使用。填充图层的作用和使用方法与调整图层基本相同。

5．文字图层

文字图层是一种专门用于存放文本内容的图层,其缩略图以"T"表示,如图 5-7 所示。文字图层含有文字内容和文字格式,可以单独保存到文件中。

图 5-7 文字图层

6．形状图层

形状图层是使用形状工具或钢笔工具创建的图层。默认情况下,新创建的形状图层包含纯色填充图层和定义了形状的矢量蒙版,形状中自动填充当前的前景色,如图 5-8 所示。

图 5-8 形状图层

5.2 图层的基本操作

5.2.1 几种常见的图层基本操作

1. 创建图层

创建图层有以下几种方法：

（1）选择菜单"图层"→"新建"→"图层"命令或者单击图层面板下面的"创建新图层"按钮 ▣ 可以创建普通图层。

（2）选择菜单"图层"→"新建调整图层"中的命令或单击图层面板下面的"创建新的填充或调整图层"按钮 ◐ 可以创建调整图层。

（3）选择文字工具，然后在工作区中单击可以创建文字图层。

2. 选择图层

单击图层面板中需要选中的图层即可选择图层。

3. 调整图层顺序

通过图层面板可以改变图层的排列顺序，操作步骤如下：

（1）选中要改变排列顺序的图层。

（2）用鼠标向上或向下拖动图层面板中需要改变顺序的图层。

（3）在鼠标拖动的过程中将突出显示一条表示目标位置的横线，当横线到达需要的位置时松开鼠标左键，即可将图层调整到需要的位置。

4. 复制图层

用户可以执行下列操作复制图层：

（1）选中要复制的图层，在图层面板的图层上右击，在弹出的快捷菜单中选择"复制图层"命令。

（2）选中要复制的图层，用鼠标将图层拖动到图层面板下面的"创建新图层"按钮 ▣ 上，松开鼠标左键。

（3）选中要复制的图层，按快捷键 Ctrl＋J。

（4）选中要复制的图层，选择菜单"图层"→"新建"→"通过复制的图层"命令。

（5）选中要复制的图层，然后选择移动工具，按住 Alt 键，拖动图像。

5. 删除图层

删除图层有以下几种方法：

（1）选中要删除的图层，然后选择菜单"图层"→"删除"→"图层"命令。此时将打开警告对话框，如果确认删除图层操作，单击"是"按钮即可删除图层，如图 5-9 所示。

（2）选中要删除的图层，单击图层面板右上角的小三角形，在打开的菜单中选择"删除图层"命令。

（3）选中要删除的图层，然后单击图层面板下面的"删除图层"按钮 🗑 。

（4）选中要删除的图层，直接按住鼠标左键不放，把该图层拖到图层面板上的"删除图层"按钮 🗑 上。此方法不会打开警告对话框。

图 5-9　警告对话框

（5）选中要删除的图层，然后右击，在弹出的快捷菜单中选择"删除图层"命令。

（6）选中要删除的图层，直接按 Delete 键。

6．链接图层

在把要操作的图层链接起来之后，如果对其中一个图层进行移动、缩放等操作，与之链接的图层也会发生相同的变化。执行下列操作可以链接图层：

（1）首先选定需要链接的图层，然后选择菜单"图层"→"链接图层"命令。

（2）首先选定需要链接的图层，然后右击，在弹出的快捷菜单中选择"链接图层"命令。

（3）首先选定需要链接的图层，然后单击图层面板下面的"链接图层"按钮 🔗 。

7．对齐与分布图层

对齐图层是指将多个相互链接在一起的图层的某个边或中轴线对齐。对齐图层的操作步骤如下：

（1）选中要对齐的图层。

（2）选择菜单"图层"→"对齐"命令。

分布图层是指将多个（至少 3 个）相互链接在一起的图层的某个边或中轴线以平均间隔排列起来。分布图层的操作步骤如下：

（1）在图层面板中将所有需要进行分布操作的图层链接起来，并选中一个图层。

（2）选择移动工具。

（3）在属性栏中单击"按顶分布" 🔲 、"垂直居中分布" 🔲 、"按底分布" 🔲 、"按左分布" 🔲 、"水平居中分布" 🔲 或"按右分布" 🔲 按钮。

8．合并图层

图层的合并方式主要有合并图层、合并可见图层、拼合图像 3 种。

（1）合并图层：将当前层与下一层合并成一个图层，选择菜单"图层"→"合并图层"命令或按快捷键 Ctrl+E 即可。

（2）合并可见图层：将所有可见图层合并为一个图层，选择菜单"图层"→"合并可见图层"命令或按快捷键 Shift+Ctrl+E 即可。

（3）拼合图像：将所有可见图层合并成一个背景图层，选择菜单"图层"→"拼合图像"命令即可。

5.2.2　图层操作实例

下面的实例是改变芒果的颜色。本实例在制作过程中用到了复制图层等图层操作,用调整图层调整芒果颜色。由于调整图层保存上一次调整的参数信息,用户可以在此基础上继续对图像颜色进行修改调整。

操作步骤如下：

（1）打开素材图片"水果.psd",如图 5-10 所示。

图 5-10　水果素材

（2）关闭"苹果"图层,并使用套索工具建立芒果选区,如图 5-11 所示。

图 5-11　芒果选区

（3）按快捷键 Ctrl+J 复制选区。

（4）按快捷键 Ctrl+D 取消选区,然后添加"色相/饱和度"调整图层,并将色相值调整为+111。

（5）使用套索工具选择仍然有点红的芒果,如图 5-12 所示。

（6）按快捷键 Ctrl+J 复制选区。

（7）按快捷键 Ctrl+D 取消选区,然后添加"色相/饱和度"调整图层,并将色相值调整为+140。

图 5-12　偏红芒果选区

(8) 选择背景中偏红的区域,如图 5-13 所示。

图 5-13　偏红背景选区

(9) 按快捷键 Ctrl+J 复制选区。

(10) 取消选区,然后添加"色相/饱和度"调整图层,并将色相值调整为+119。

(11) 将"苹果"图层打开,保存文件,本实例制作完成,最终效果如图 5-14 所示。

图 5-14　最终效果

5.3 图层混合模式

5.3.1 了解图层混合模式

所谓图层混合模式是指一个图层与其下面图层的色彩叠加方式。执行下列操作可以打开图层混合模式：

（1）单击图层面板左上角的下拉菜单按钮，选择一种混合模式，如图 5-15 所示。

（2）选择菜单"图层"→"图层样式"→"混合选项"命令或在图层面板中双击要编辑的图层，打开"图层样式"对话框，然后设置混合选项，如图 5-16 所示。

Photoshop CS4 中默认的图层混合模式是正常模式。除了正常模式以外，还有很多种混合模式，它们可以产生各种合成效果。为了方便解释，在此把当前要设置混合模式的图层称为上层图层，把与当前图层进行混合的下面的图层称为下层图层。各种混合模式如下。

1．正常模式

正常模式是图层混合模式的默认方式，较为常用。该模式将上层图层像素的颜色覆盖下层图层相应位置的像素颜色，不和其他图层发生任何混合，如图 5-17 所示。

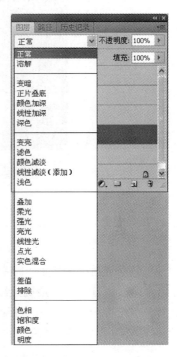

图 5-15 图层混合模式

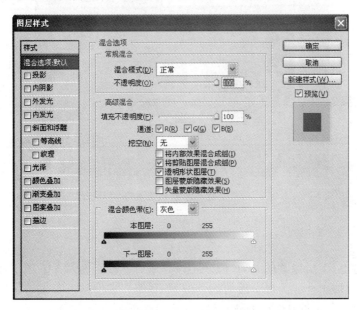

图 5-16 "图层样式"对话框

图 5-17　正常模式效果

2. 溶解模式

溶解模式随机抽取上、下层像素颜色作为目标层像素的颜色,从而产生使上层像素被溶解的效果。随着上层的透明度降低,可看到的下层区域越多。该模式对图像的色彩不产生影响。在此将图 5-17 中的"花朵"图层进行处理,使其从左到右由 90% 不透明变为完全不透明,再设置混合模式为溶解模式,得到的效果如图 5-18 所示。

图 5-18　溶解模式效果

3. 变暗模式

变暗模式对上、下层像素的 RGB 值(即 RGB 通道中的颜色亮度值)分别进行比较,取二者中较小的 RGB 值组合成为混合后的颜色的 RGB 值。它使颜色较亮的像素被颜色较暗的像素替换,而较暗的像素不发生变化,从而导致总的颜色灰度级降低,造成变暗的效果,如图 5-19 所示。在该模式中,显然用白色去合成图像是毫无效果的。

图 5-19　变暗模式效果

4．正片叠底模式

正片叠底模式的效果如同将两个幻灯片叠加在一起，然后放映，透射光被削弱了两次。这样混合产生的颜色总是比原来的要暗，如图 5-20 所示。如果和黑色发生正片叠底，产生的就只有黑色。而与白色混合不会对原来的颜色产生任何影响。正片叠底模式用来模拟阴影效果较好。

图 5-20　正片叠底模式效果

5．颜色加深模式

颜色加深模式用于查看上、下层像素每个通道中的颜色信息，并根据上、下层像素颜色相应地增加对比度，使下层像素的颜色变暗，如图 5-21 所示。上层越暗，下层获取的光越少。如果上层为全黑色，则下层较黑；如果上层为全白色，则不会影响下层。结果最亮的地方不会高于下层的像素值。其效果和正片叠底模式的效果类似。

图 5-21　颜色加深模式效果

6. 线性加深模式

线性加深模式类似于正片叠底模式,通过降低亮度,让下层颜色变暗以反映混合颜色,如图 5-22 所示。该模式和白色混合没有效果。

图 5-22　线性加深模式效果

7. 深色模式

深色模式分别计算上、下层所有通道的数值的总和,然后选择总和较小的层的颜色作为结果色。其结果色是上层色或者下层色,不会产生其他颜色,如图 5-23 所示。在该模式下,白色上层与下层混合得到下层色,黑色上层与下层混合得到黑色。

8. 变亮模式

与变暗模式相反,变亮模式是将两像素的 RGB 值进行比较后,取它们的 RGB 中的高值作为混合后的颜色的 RGB 值。它使总的颜色灰度级升高,造成变亮的效果,如图 5-24 所

图 5-23　深色模式效果

示。在该模式下，用黑色合成图像时无作用，用白色合成图像时仍为白色。

图 5-24　变亮模式效果

9．滤色模式

滤色模式也称为屏幕模式。该模式好像两台投影机分别对其中一个图层进行投影，然后投射到同一个屏幕上。它与正片叠底模式相反，混合后浅色出现，深色不出现，产生一种漂白的效果，如图 5-25 所示。使用滤色模式可制作饱满或稀薄的辉光效果。

10．颜色减淡模式

在颜色减淡模式下，上层像素的亮度决定了下层的暴露程度。上层越亮，下层获取的光越多，也就是越亮。与颜色加深模式刚好相反，使用这种模式时，会加亮图层的颜色值，加上的颜色越暗，效果越细腻，如图 5-26 所示。

图 5-25　滤色模式效果

图 5-26　颜色减淡模式效果

11. 线性减淡模式

线性减淡模式也称线性添加模式，类似于颜色减淡模式。它将上、下层的颜色值相加，结果将更亮，如图 5-27 所示。在该模式下，与黑色混合没有任何效果。

12. 浅色模式

浅色模式比较上层和下层像素的所有通道值的总和，并显示总和较大的层的颜色。浅色模式不会生成第 3 种颜色，如图 5-28 所示。

13. 叠加模式

叠加模式根据底层的颜色决定将目标层的哪些像素以正片叠底模式合成，哪些像素以滤色模式合成。合成后有些区域变暗有些区域变亮。一般来说，发生变化的都是中间色调，高色和暗色区域基本保持不变，如图 5-29 所示。

图 5-27　线性减淡模式效果

图 5-28　浅色模式效果

图 5-29　叠加模式效果

14. 柔光模式

柔光模式产生的效果类似于为图像打上一盏散射的聚光灯。它根据上层的颜色色调变暗或加亮下层图像,如图5-30所示。如果上层颜色亮度高于50%灰,下层会被照亮(变淡);如果上层颜色亮度低于50%灰,下层会变暗,就好像被烧焦了似的;如果用黑色或白色进行混合,能产生明显的变暗或者变亮效果,但是不会产生纯黑或者纯白。

图 5-30　柔光模式效果

15. 强光模式

强光模式效果就好像为图像应用一盏强烈的聚光灯一样,如图5-31所示。如果上层颜色亮度高于50%灰,图像会被照亮,这时混合模式类似于滤色模式。反之,如果上层颜色亮度低于50%灰,图像会变暗,这时混合模式类似于正片叠底模式。在该模式下,中间调作用不明显,如果用纯黑或者纯白进行混合,得到的是纯黑或者纯白。

图 5-31　强光模式效果

16．亮光模式

亮光模式也称艳光模式。此种模式根据上层图像的颜色分布调整对比度以加深或减淡颜色，如图 5-32 所示。如果上层颜色亮度高于 50％灰，图像对比度将被降低并且变亮。如果上层颜色亮度低于 50％灰，图像对比度会被提高并且变暗。

图 5-32　亮光模式效果

17．线性光模式

相对于亮光模式而言，线性光模式增加的对比度要弱一些。如果上层颜色亮度高于中性灰(50％灰)，则用增加亮度的方法使画面变亮，反之用降低亮度的方法使画面变暗，如图 5-33 所示。

图 5-33　线性光模式效果

18. 点光模式

点光模式按照上层颜色分布信息来替换颜色,如图 5-34 所示。如果上层颜色亮度高于 50％灰,比上层颜色暗的像素将会被取代,而比上层颜色亮的像素不发生变化。如果上层颜色亮度低于 50％灰,比上层颜色亮的像素会被取代,而比上层颜色暗的像素不发生变化。

图 5-34　点光模式效果

19. 实色混合模式

使用实色混合模式后,混合得到的颜色由下层颜色和上层亮度决定。混合结果是亮色更加亮,暗色更加暗,如图 5-35 所示。

图 5-35　实色混合模式效果

20. 差值模式

差值模式将要混合图层的 RGB 值中的每个值分别进行比较,用高值减去低值取绝对值作为合成后的颜色，如图 5-36 所示。此模式适用于模拟原始设计的底片，尤其可用来在其背景颜色从一个区域到另一区域发生变化的图像中生成突出效果。

图 5-36　差值模式效果

21．排除模式

排除模式与差值模式的作用类似，当用较高阶或较低阶颜色合成图像时，排除模式与差值模式没有区别，当使用趋近中间阶调颜色的效果有所区别。排除模式产生的对比度较低，效果比差值模式柔和、明亮，如图 5-37 所示。

图 5-37　排除模式效果

22．色相模式

色相模式用上层图像的色相值作为结果图像的色相值，用下层图像的饱和度与亮度作为结果图像的饱和度与亮度，如图 5-38 所示。在该模式下，对于灰色上层，结果为去色的下层。

图 5-38　色相模式效果

23. 饱和度模式

饱和度模式混合得到的结果色,其饱和度为上层图像的饱和度,而色相和亮度取自下层图像,如图 5-39 所示。

图 5-39　饱和度模式效果

24. 颜色模式

颜色模式也称着色模式,它分别取上层图像的色相与饱和度、下层图像的亮度作为结果色的色相、饱和度和亮度,兼有色相模式和饱和度模式两种模式的特征,如图 5-40 所示。

25. 明度模式

明度模式也称亮度模式,它混合得到的目标图像的亮度与上层图像相同,色相和饱和度与下层图像相同,如图 5-41 所示。

图 5-40　颜色模式效果

图 5-41　明度模式效果

5.3.2　图层混合模式的应用

本实例利用图层混合模式中的变暗模式对图层进行混合，为时钟添加背景，在该实例中还用到了"链接图层"等基本操作。

操作步骤如下：

（1）打开素材图片"时钟.jpg"，如图 5-42 所示。

（2）选择整个时钟，按快捷键 Ctrl＋J 复制选区，并取消选择。

（3）打开素材图片"可爱动物.jpg"，并全选。

（4）将选区复制到"时钟.jpg"中，并调整其大小和位置，如图 5-43 和图 5-44 所示。

图 5-42　时钟素材

图 5-43　调整参数

（5）关闭复制的动物图层。

（6）选择时钟内部，如图 5-45 所示。

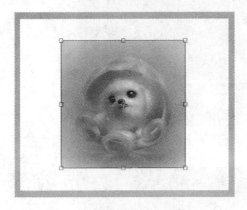

图 5-44　调整复制图层

图 5-45　时钟内部选区

（7）选择并打开复制的动物图层，按快捷键 Ctrl＋Shift＋I 进行反选，如图 5-46 所示。

图 5-46　反选选区

（8）按 Delete 键删除选区。

（9）取消选择，将动物图层的混合模式改为变暗模式。

（10）打开素材图片"时钟背景.jpg"，将其全部复制到"时钟.jpg"中，并调整其大小和位置，如图 5-47 和图 5-48 所示。

图 5-47　调整参数

（11）拖动复制的时钟背景图层，将其调整到复制的时钟图层下面，如图 5-49 所示。

（12）选择复制的时钟图层和动物图层，然后单击图层面板下面的"链接图层"按钮

图 5-48 调整时钟背景

 ,将其链接起来,如图 5-50 所示。

图 5-49 调整图层次序　　　　　图 5-50 链接图层

(13) 选择移动工具,移动动物图层到合适的位置,如图 5-51 所示。

图 5-51 调整图层位置

(14) 选择"图层 1"和"图层 2",并单击图层面板下面的"链接图层"按钮 ,取消链接。

(15) 双击"图层 1",打开"图层样式"对话框,设置"投影"选项,如图 5-52 和图 5-53 所示。

(16) 关闭"图层样式"对话框,保存文件,实例制作完成,最终效果如图 5-54 所示。

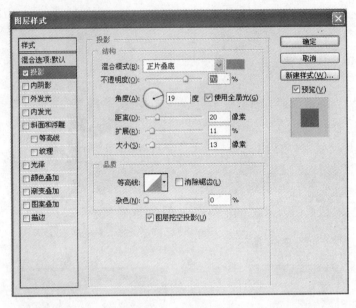

图 5-52　"投影"选项设置

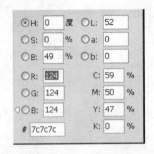

图 5-53　投影颜色设置

图 5-54　最终效果

5.4 图层样式

5.4.1 了解图层样式

图层样式是 Photoshop 中制作图片效果的重要手段之一,可以应用于一幅图片中除背景图层以外的任意一个图层。显示图层样式的方法有以下几种:

- 单击图层面板下方的"添加图层样式"按钮 *fx.*。
- 在图层面板中直接双击需要产生样式的图层。
- 选择菜单"图层"→"图层样式"命令。

"图层样式"对话框的默认选项是"混合选项:默认",如图 5-55 所示。如果用户修改了右侧的选项,会变成"混合选项:自定义"。该选项主要用来设置图层不透明度,修改不透明度的值,图层和图层样式同时发生变化。这里的"填充不透明度"只对图层本身发生变化,不影响图层样式。

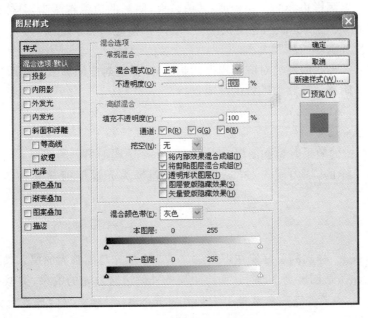

图 5-55 "图层样式"对话框

Photoshop CS4 有 10 种图层样式,下面通过对一个圆形(见图 5-56)进行图层样式设置来介绍这 10 种样式。

1. 投影

添加"投影"样式后,在图层的下方会出现一个轮廓和层的内容相同的、类似墙面的影子。这个影子默认情况下会向右下方偏移。阴影的默认混合模式是正片叠底,不透明度为75%。"投影"样式效果可以看作是一个光源照射平面对象的效果,如图 5-57 所示。

"投影"样式的主要参数如下。

图 5-56　原图

图 5-57　"投影"样式

- 混合模式：通常为正片叠底模式，不必修改。
- 颜色设置：设置阴影的颜色。
- 不透明度：默认值是 75％，通常不需要修改。如果要使阴影的颜色显得深一些，增大这个值，否则减小这个值。
- 角度：设置阴影的方向，指针为光源的方向，相反的方向就是阴影出现的方向。
- 距离：设置阴影的距离。
- 扩展：设置阴影边缘的柔和程度，其值越大，阴影的边缘越清晰，具体效果和"大小"相关，"扩展"的值的影响范围仅仅在"大小"所限定的像素范围内。
- 大小：设置阴影的范围大小。
- 等高线：等高线的高处对应阴影上的暗圆环，低处对应阴影上的亮圆环。
- 杂色：对阴影部分添加随机的透明点。

2．内阴影

"内阴影"样式的效果好像在图层上方多出了一个透明的黑色的图层。它的很多选项和"投影"样式是一样的。"内阴影"样式效果可以理解为光源照射球体的效果，如图 5-58 所示。

3．外发光

添加了"外发光"样式的层好像在下面添加了一个填充范围略大的层。其默认混合模式为滤色模式，默认不透明度为 75％，从而产生层的外侧边缘发光的效果，类似于玻璃物体发光，如图 5-59 所示。若要在白色背景上看到外发光效果，必须将混合模式设置为滤色模式以外的其他模式。

"外发光"样式的主要参数如下。

- 混合模式：默认为滤色模式，它影响虚拟层与下面层之间的混合结果。
- 不透明度：这个值一般小于 100％。不透明度越大，光线越强（越刺眼）。
- 渐变和颜色：如果选择"单色"单选按钮，发光的效果也是渐变的，渐变至透明。如果选择"渐变色"单选按钮，可以对渐变进行任意设置。
- 方法：有"柔和"和"精确"两种，一般用"柔和"就足够了。"精确"可以用于一些发光较强的对象，或者棱角分明反光效果比较明显的对象。
- 扩展：用于设置光芒中有颜色的区域和完全透明的区域之间的渐变速度，效果与颜色和渐变设置以及大小设置有直接关系，这 3 个选项相辅相成。

- 大小：用来设置光芒的延伸范围。
- 范围：用来设置等高线对光芒的作用范围。
- 抖动：用来为光芒添加随意的颜色点。

图 5-58　"内阴影"样式　　　　　　　　图 5-59　"外发光"样式

4. 内发光

添加了"内发光"样式的层在上方会多出一个由半透明的颜色填充的虚拟层。该虚拟层沿着添加"内发光"样式的层的边缘由外向内进行渐变填充（按填充色带颜色从左到右），如图 5-60 所示。

"内发光"样式的主要参数如下。

- 源：指定发光源的位置，包括"居中"和"边缘"两个单选按钮。
- 阻塞：和"大小"的设置相互作用，用来影响"大小"范围内光线的渐变速度。
- 大小：设置光线的照射范围，如果阻塞值设置得非常小，即使将"大小"设置得很大，光线的效果也出不来，反之亦然。
- 等高线：通过"等高线"选项可以为光线部分制作出光环效果。

5. 斜面和浮雕

"斜面和浮雕"样式是 Photoshop 中最复杂的图层样式。即使是一样的设置，效果也可能相差极大。"斜面和浮雕"样式效果如图 5-61 所示。

图 5-60　"内发光"样式　　　　　　　图 5-61　"斜面和浮雕"样式

"斜面和浮雕"样式的主要参数如下。

- 样式：有内斜面、外斜面、浮雕效果、枕状浮雕和描边浮雕共 5 种。其中，"内斜面"同时多出一个高光层（在其上方）和一个投影层（在其下方），产生类似于来自左上方的光源照射一个截面为梯形的高台形成的效果；"外斜面"会多出两个虚拟层，一个在上，一个在下，分别是高光层和阴影层；"浮雕效果"添加的两个虚拟层都在层的上方；"枕状浮雕"会多出 4 个虚拟层，两个在上，两个在下，上、下各含有一个高光层和一个阴影层，"枕状浮雕"是内斜面和外斜面的混合体；"描边浮雕"是层描边后所产生的浮雕效果。
- 方法：包括平滑、雕刻柔和、雕刻清晰 3 种。其中，"平滑"是默认选项，选择该选项可以对斜角的边缘进行模糊，从而制作出边缘光滑的高台效果；"雕刻柔和"是一个折中的值。
- 深度：必须和"大小"配合使用，在"大小"一定的情况下，用"深度"可以调整高台的截面梯形斜边的光滑程度。
- 方向：只有"上"和"下"两种，其效果和"角度"是一样的。
- 大小：用来设置高台的高度，必须和"深度"配合使用。
- 软化：一般用来对整个效果进行进一步的模糊，使对象的表面更加柔和，减少棱角感。
- 角度：反映光源方位的变化，而且可以反映光源和对象所在平面形成的角度。
- 使用全局光：通常选择该复选框，表示所有的样式都受同一个光源的照射。
- 光泽等高线：决定阴影颜色的亮度，等高线的形状对应阴影颜色的分布位置，从而产生立体效果。
- 高光模式和不透明度：调整高光层的颜色、混合模式和透明度，混合模式一般使用滤色模式。
- 阴影模式和不透明度：设置原理与"高光模式和不透明度"一样，但它默认的混合模式是正片叠底模式。
- 等高线：用来为图层本身赋予条纹状效果。
- 纹理：用来为层添加纹理。

6. 光泽

　　"光泽"样式用来在层的上方添加一个波浪形（或者绸缎）效果。"光泽"样式效果与图层的内容直接相关。对于相同的参数，图层的轮廓不同，添加"光泽"样式之后产生的效果不同。"光泽"样式有这样的显示规律：两组外形轮廓与层内容相同的多层光环彼此交叠，如图 5-62 所示。

图 5-62　"光泽"样式

　　"光泽"样式的主要参数如下。

- 混合模式：默认为正片叠底模式。
- 颜色：设置光泽的颜色。
- 不透明度：设置的值越大，光泽越明显，否则光泽越暗淡。
- 角度：设置照射波浪形表面的光源方向。
- 距离：设置两组光环之间的距离。

- 大小：设置每组光环的宽度。
- 等高线：设置光环的数量。

7. 颜色叠加

"颜色叠加"样式的作用相当于为层着色。添加了"颜色叠加"样式后的颜色是图层原有颜色和虚拟层颜色的混合，如图 5-63 所示。

8. 渐变叠加

"渐变叠加"和"颜色叠加"的原理是完全一样的，只不过虚拟层的颜色是渐变的，如图 5-64 所示。"渐变"选项用于设置渐变色，单击渐变色带可以打开"渐变编辑器"对话框设置渐变效果。

图 5-63 "颜色叠加"样式　　　　　图 5-64 "渐变叠加"样式

9. 图案叠加

"图案叠加"样式和"颜色叠加"样式与"渐变叠加"样式的原理是完全一样的，但其在虚拟层填充的是图案，如图 5-65 所示。该样式的设置方法与"斜面和浮雕"中的"纹理"差不多，这里不再介绍。

　　注意：3 种叠加样式的主次关系从高到低为颜色叠加、渐变叠加、图案叠加。如果同时添加了这 3 种样式，并且将它们的不透明度都设置为 100%，则只能看到"颜色叠加"样式产生的效果。如果要使层次较低的叠加效果显示出来，必须清除上层的叠加效果或者将上层叠加效果的不透明度设置为小于 100% 的值。

10. 描边

"描边"样式沿着图层中非透明区域的边缘进行描边，如图 5-66 所示。"描边"样式与

图 5-65 "图案叠加"样式　　　　　图 5-66 "描边"样式

"编辑"菜单中的"描边"命令都可以用单色给整幅图像进行描边,且都不能给背景图层描边,但它们又有所区别:

(1)"描边"样式不能给选区描边,"描边"命令可以给选区描边。

(2)"描边"样式可以使用颜色、渐变、图案进行描边,"描边"命令只能用单一颜色描边。"描边"样式的主要参数如下。

- 大小:设置描边的宽度。
- 位置:设置描边的位置,可选项有外部、内部和居中。
- 填充类型:用来设定边的填充方式,有颜色、渐变和图案 3 种填充方式。

除了以上 10 种默认的样式外,"图层样式"对话框中还有一个"样式"选项。该选项预设了多种图层样式效果,这些效果是前面 10 种样式中的若干种样式的组合。用户还可以在它们的基础上进行手工调整,如图 5-67 和图 5-68 所示。

图 5-67　预设样式　　　　　　　图 5-68　修改预设样式

5.4.2　图层样式的应用

1. 制作珍珠项链

本实例用"斜面和浮雕"样式制作珍珠项链,在制作中还用到了路径和画笔工具。操作步骤如下:

(1)新建一个 800px×800px 的文档,如图 5-69 所示,并填充黑色。

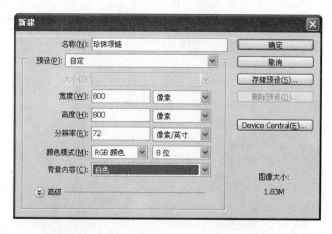

图 5-69　"新建"对话框

(2)绘制珍珠项链路径,如图 5-70 所示。

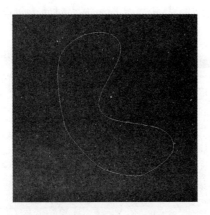

图 5-70　珍珠项链路径

（3）新建一个图层，并命名为"珍珠项链"。

（4）选择画笔工具，按 F5 键打开画笔面板，选择一种圆形笔刷，并设置其直径为 35px、硬度为 100％、间距为 90％，如图 5-71 所示。

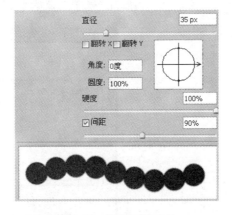

图 5-71　设置画笔工具

（5）设置前景色为白色，选择"珍珠项链"图层，并用画笔描边路径，如图 5-72 所示。

图 5-72　用画笔描边路径

（6）双击"珍珠项链"图层，打开"图层样式"对话框，设置"斜面和浮雕"样式，如图 5-73～图 5-75 所示。

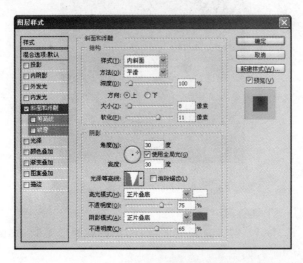

图 5-73　"斜面和浮雕"选项设置

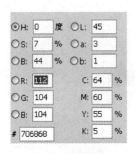

图 5-74　阴影颜色设置

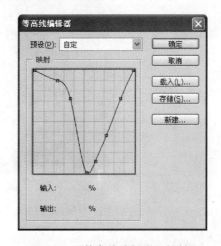

图 5-75　"等高线编辑器"对话框

（7）取消选择路径，然后保存文件，实例制作完成，最终效果如图 5-76 所示。

2. 制作水珠

本实例利用"投影"、"内阴影"与"斜面和浮雕"样式制作水珠效果。

操作步骤如下：

（1）打开素材文件"水珠.psd"，如图 5-77 所示。

（2）将"水珠"图层的"填充"设置为 0。

（3）双击"水珠"图层，打开"图层样式"对话框，设置"投影"和"内阴影"选项，如图 5-78～图 5-81 所示。

图 5-76　珍珠项链最终效果

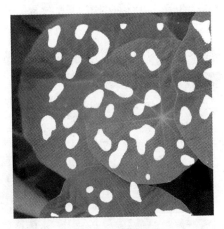

图 5-77 水珠素材

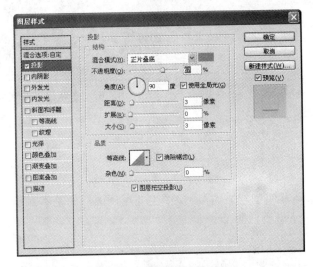

图 5-78 "投影"选项设置

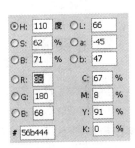

图 5-79 投影颜色设置

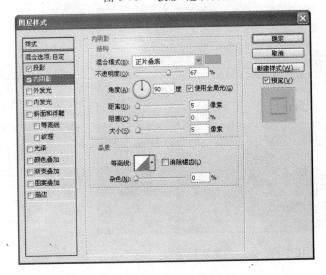

图 5-80 "内阴影"选项设置

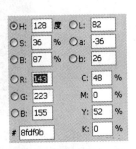

图 5-81 内阴影颜色设置

（4）复制"水珠"图层，删除"投影"和"内阴影"样式效果，并添加"斜面和浮雕"样式，如图 5-82 所示。

（5）保存文件，完成实例，最终效果如图 5-83 所示。

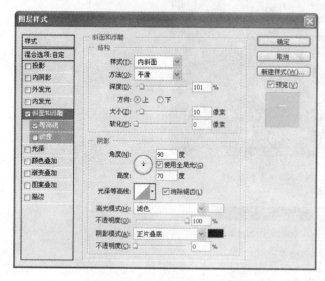

图 5-82　"斜面和浮雕"选项设置　　　　　　图 5-83　水珠最终效果

5.5　综合实例

本实例为黑暗的天空添加光，使其明朗起来，在制作中主要用到图层的基本操作和图层样式。

操作步骤如下：

（1）打开素材图片"天空夜景.jpg"，如图 5-84 所示。

图 5-84　天空夜景素材

（2）新建一个图层,并命名为"月亮"。

（3）在"月亮"图层绘制一个宽度和高度都为 45px 的圆形选区,并填充白色,如图 5-85 所示。

图 5-85　填充选区

（4）按快捷键 Ctrl＋D 取消选区,然后双击"月亮"图层,打开"图层样式"对话框,设置 "外发光"与"斜面和浮雕"选项,如图 5-86～图 5-89 所示。

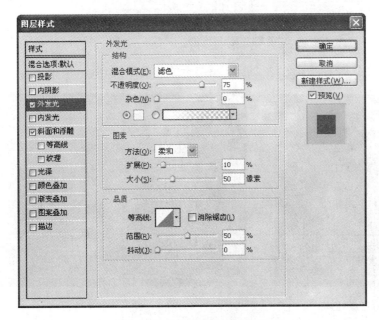

图 5-86　"外发光"选项设置

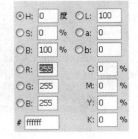

图 5-87　外发光颜色设置

（5）选择模糊工具,设置合适的大小和强度(见图 5-90),沿着月亮边缘进行涂抹,使其 变模糊,如图 5-91 所示。

（6）新建一个图层,并命名为"星星"。

（7）设置前景色为白色，然后选择画笔工具，按 F5 键打开画笔面板，并选择"星形 55 像素"笔刷。

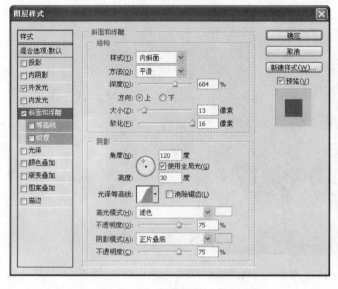

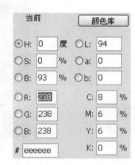

图 5-88 "斜面和浮雕"选项设置   图 5-89 阴影颜色设置

图 5-90 "模糊工具"属性栏

（8）设置不同的笔刷大小和不透明度，在"星星"图层上绘制星星，如图 5-92 所示。

图 5-91 对月亮进行模糊处理   图 5-92 绘制星星

（9）将"星星"图层的不透明度设置为 75％。

（10）在"背景"图层上选择黑暗区域，如图 5-93 所示。

（11）按快捷键 Ctrl＋J 复制选区。

（12）为复制背景选区产生的图层添加"外发光"图层样式，如图 5-94 和图 5-95 所示。

（13）保存文件，完成实例，最终效果如图 5-96 所示。

图 5-93 选择黑暗区域

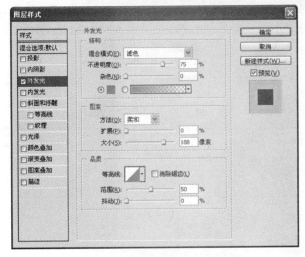

图 5-94 "外发光"选项设置

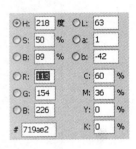

图 5-95 外发光颜色设置

图 5-96 综合实例最终效果

5.6 本章小结

图层是 Photoshop 的"灵魂",灵活地应用图层可以创造出丰富多彩的图像效果。本章介绍了什么是图层,以及图层的类型和特点等基础知识,还介绍了图层的基本操作,同时介绍了图层混合模式的原理,以及图层样式的创建和使用方法。

　　图层在 Photoshop 中处于非常重要的地位,利用图层的功能可以轻松制作出很多意想不到的图像效果。读者应该通过大量的练习理解并掌握图层的应用,这样才能制作出精美的图片。

习题 5

　　1. 打开素材文件"图层样式.psd",按照图 5-97～图 5-113 分别设置 10 种图层样式,观察一下效果。

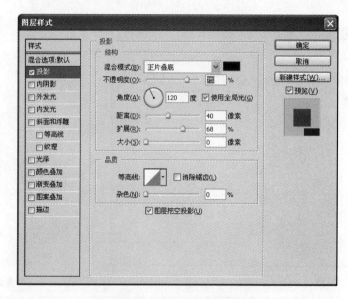

图 5-97　"投影"选项设置

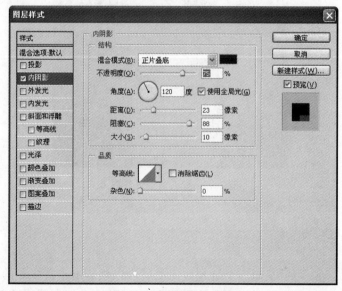

图 5-98　"内阴影"选项设置

（1）"投影"样式设置如图 5-97 所示。

（2）"内阴影"样式设置如图 5-98 所示。

（3）"外发光"样式设置如图 5-99 所示。

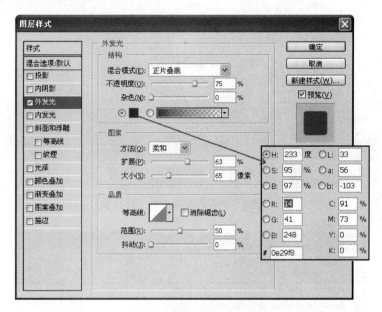

图 5-99 "外发光"选项设置

（4）"内发光"样式设置如图 5-100～图 5-102 所示。

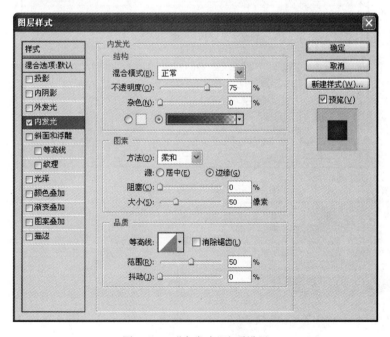

图 5-100 "内发光"选项设置

（5）"斜面和浮雕"样式设置如图 5-103 和图 5-104 所示。

（6）"光泽"样式设置如图 5-105 所示。

图 5-101　内发光渐变色带

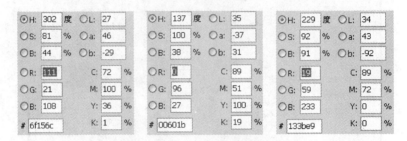

图 5-102　内发光的 3 种渐变色设置

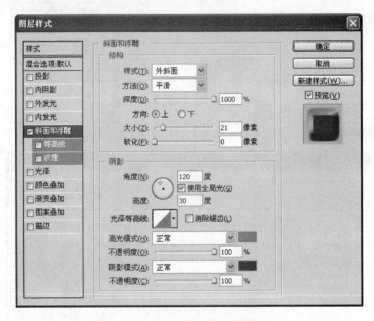

图 5-103　"斜面和浮雕"选项设置

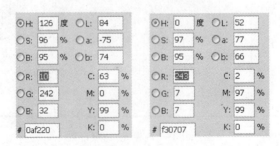

图 5-104　高光颜色和阴影颜色设置

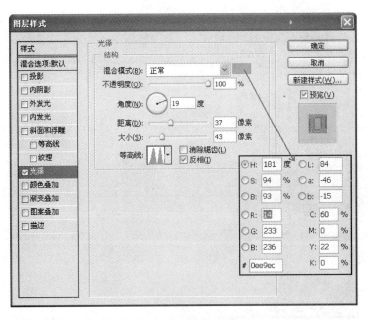

图 5-105 "光泽"选项设置

（7）"颜色叠加"样式设置如图 5-106 所示。

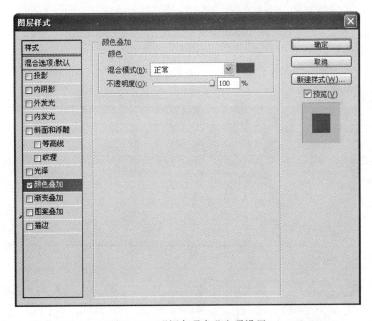

图 5-106 "颜色叠加"选项设置

（8）"渐变叠加"样式设置如图 5-107～图 5-110 所示。

（9）"图案叠加"样式设置如图 5-111 所示。

（10）"描边"样式设置如图 5-112 和图 5-113 所示。

2．打开素材图片"风景.jpg"，利用素材"湖.jpg"、"奶牛 1.jpg"和"奶牛 2.jpg"进行图片合成，如图 5-114 所示。

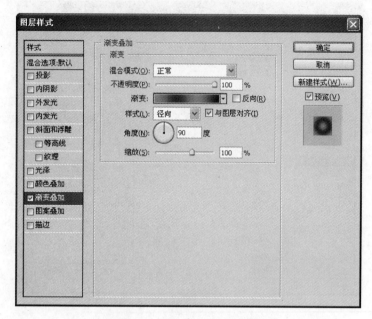

图 5-107 "渐变叠加"选项设置

图 5-108 "渐变叠加"色带

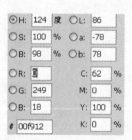

图 5-109 渐变色 1 设置

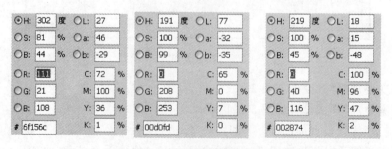

图 5-110 其余 3 种渐变色设置

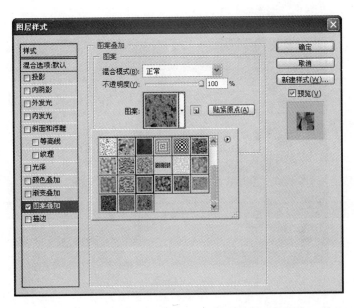

图 5-111 "图案叠加"选项设置

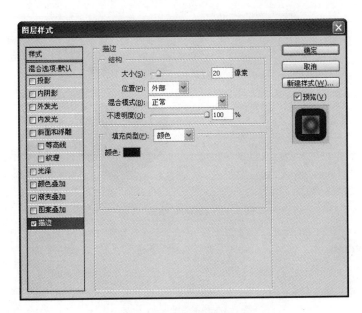

图 5-112 "描边"选项设置

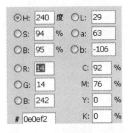

图 5-113 描边颜色设置

图 5-114　风景合成图

3. 利用形状工具和预设样式中的"Web 样式",制作如图 5-115 所示的形状效果。

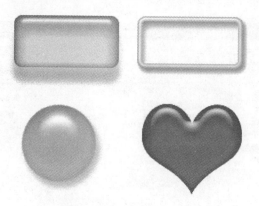

图 5-115　"Web 样式"效果

第**6**章

文 字

本章学习目标：
- 掌握文字工具的使用；
- 掌握文字特效的制作。

本章主要介绍文字工具的使用与技巧，包括 3 个方面：一是字符和段落面板的介绍；二是文字操作的常用方法及特效文字的制作；三是文字的排版。

6.1 文字基础知识

文字有时也称为文本，因此，文字工具也称为文本工具。文字工具共有 4 个，分别是横排文字工具 T、直排文字工具 T、横排文字蒙版工具 T、直排文字蒙版工具 T，本章以横排文字工具为例进行介绍。

在工具箱中选择横排文字工具后（或按 T 键、快捷键 Shift＋T），属性栏中将显示横排文字工具的属性，如图 6-1 所示。在工作区中单击，在出现输入光标后即可输入文字，按 Enter 键可换行，Photoshop 会单独创建图层管理输入的文字，图层名以输入的文字内容命名。

图 6-1　"横排文字工具"属性栏

6.2 字符面板

字符面板的主要功能是设置文字的字体、字号、字距和行距等，如图 6-2 所示。

字符面板中的字体、字形、字号、文字颜色和消除锯齿选项与选择横排文字工具后属性栏中的选项功能相同，在此不再介绍。其他选项的具体介绍如下。

- 行距：从下拉列表框中选取所需的字符行距，单位为点。行距应该和字体的大小相匹配，否则文字会叠在一起。图 6-3 所示为不同行距的效果比较。
- 字距微调：设置两个字符的距离，范围是－100～200。
- 水平缩放和垂直缩放：在水平或垂直缩放右边的文本框中输入新的值，可以调整字符的宽度和高度比,默认值为 100%。效果如图 6-4 所示。

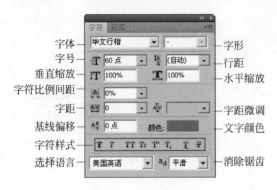

<table>
<tr><td>字体——</td><td>华文行楷</td><td>-</td><td>——字形</td></tr>
<tr><td>字号——</td><td>60 点</td><td>(自动)</td><td>——行距</td></tr>
<tr><td>垂直缩放——</td><td>100%</td><td>100%</td><td>——水平缩放</td></tr>
<tr><td>字符比例间距——</td><td>0%</td><td></td><td></td></tr>
<tr><td>字距——</td><td>0</td><td></td><td>——字距微调</td></tr>
<tr><td>基线偏移——</td><td>0 点</td><td>颜色:</td><td>——文字颜色</td></tr>
<tr><td>字符样式——</td><td colspan="2">T T TT Tr T¹ T₁ T F</td><td></td></tr>
<tr><td>选择语言——</td><td>美国英语</td><td>aa 平滑</td><td>——消除锯齿</td></tr>
</table>

图 6-2　字符面板

```
行距为          行距为
30点           18点
```

图 6-3　不同行距的比较

平面设计基础

(1) 正常的文字

平面设计基础　　　平面设计基础

(2) 垂直缩放　　　　　(3) 水平缩放

图 6-4　不同高宽比的效果

- **基线偏移**:调整文字与文字之间的距离,可以通过升高或降低行距的文字来创建上标或下标效果,其单位为点。正值表示文字上移,负值表示文字下移,如图 6-5 所示。
- **字距**:可以一次调整多个字符的间距(在字距微调中每次只能调整两个字符间距),如图 6-6 所示(原图见 6-4 (1))。

平面设计
　　　基础

图 6-5　基线为负值的效果

平 面 设 计 基 础

图 6-6　调整字距

在 Photoshop 中提供了 8 种字符样式,这些样式的具体含义如下。

- **T 仿粗体**:设置当前选中文字加粗显示。
- **T 仿斜体**:设置当前选中文字斜体显示
- **TT 全部大写字母**:设置当前选中字母全部大写。
- **Tr 小型大写字母**:设置当前选中字母为小型大写字母。
- **T¹ 上标**:设置当前选中文字变为上标。
- **T₁ 下标**:设置当前选中文字变为下标。

- **T** 下划线：为当前选中文字添加下划线。
- **T** 删除线：为当前选中文字的中间添加删除线。

文字操作主要包括设置文字颜色、文字大小，以及修改所需文字的颜色。本节重点介绍文本操作的基本方法。

1．设置文字的颜色

设置文字的颜色可以使用以下方法：

（1）设置前景色为所需的文字颜色，如图 6-7 所示。

（2）输入文字后，在属性栏中设置颜色，如图 6-8 所示。

（3）在字符面板中设置文字的颜色，如图 6-9 所示。

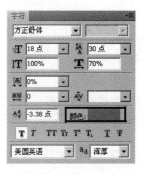

图 6-7 设置前景色　　　图 6-8 在属性栏中设置颜色　　　图 6-9 在字符面板中设置颜色

2．调整文字大小

文字大小的度量单位为点（Points，pt），一点相当于 1/72 英寸。如果用户要更改度量单位，可以选择菜单"编辑"→"首选项"→"单位与标尺"命令，打开图 6-10 所示的对话框进行设置。

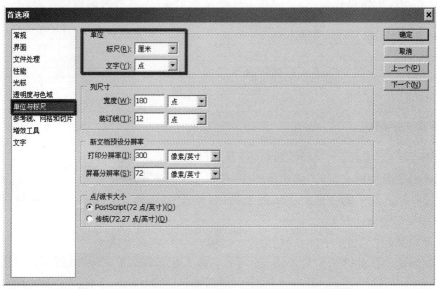

图 6-10 设置单位与标尺

设置文字的大小可以在字符面板或属性栏中选择或输入一个新值,也可以按快捷键 Ctrl＋T 打开自由变换框,按住 Shift 键等比例缩放自由变换框的大小,然后按 Enter 键或双击确定当前设定,如图 6-11 和图 6-12 所示。

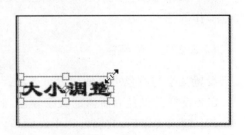

图 6-11　按快捷键 Ctrl＋T 打开自由变形框　　　　图 6-12　调整文字大小

6.3　文字蒙版

本节将通过文字蒙版工具,让用户领略质感文字的特效设计过程,体验图层样式在艺术字制作过程中的效果,并对 Photoshop 的强大功能有更深的了解。

6.3.1　文字蒙版工具

选择直排文字蒙版工具或横排文字蒙版工具(见图 6-13),在屏幕文件上单击,图层中将产生一个红色透明的蒙版区域。在这个区域中可以通过单击和拖动的方式来移动文字。

图 6-13　文字蒙版工具

当蒙版显示在屏幕上时,用户可以对其进行填充,也可以利用变形工具进行缩放或变形。用蒙版生成文字之后,可以把它们复制、粘贴到另一文件中或复制到另一层中。如果撤销对文字的选区,它就会和当前工作层合层,所以一般要先新建一个图层,然后再执行此命令。

6.3.2　文字蒙版实例

本例介绍怎样使用文字蒙版创建特殊形状的文字,并创建文字特效,美化文字。最终效果如图 6-14(a)所示。

1. 创建文字蒙版

(1) 选择菜单"文件"→"打开"命令,打开素材图片"6-1.jpg"。

(2) 单击图层面板下方的"创建新图层"按钮 ,新建"图层 1"。

(3) 选择工具箱中的直排文字蒙版工具(或按 T 键选择文字工具,按快捷键 Shift＋T 切换为直排文字蒙版工具)。

(4) 设置属性栏上的"字体系列"为 Freestyle Script、"文字大小"为 250 点。

(5) 在新建图层的合适位置单击,进入文字输入状态,如图 6-14(b)所示。然后输入文字 BABY,选择合适的字体,并使用移动工具建立选区(按快捷键 Ctrl+D 可以取消选区)。

(a) 最终效果   (b) 直排文字蒙版输入状态

图 6-14　效果及输入状态

2. 创建路径

(1) 单击路径面板下面的"从选区生成工作路径"按钮,创建一个工作路径。然后选择工具箱中的钢笔工具调整路径的形态,再按快捷键 Ctrl+T 调整路径区域到合适的大小,如图 6-15 所示。

(2) 选择路径面板中的"工作路径",单击面板底部的"将路径作为选区载入"按钮,将路径转化为选区,如图 6-16 所示。

图 6-15　调整路径   图 6-16　将路径作为选区载入

3. 应用图层样式产生特效

(1) 选择渐变工具，在属性栏中单击"编辑渐变"按钮，然后单击属性栏中的"线性渐变"按钮,设置前景色值为 e97b22,背景色为 4e6e86,在文件窗口中拖移绘制渐变色。

（2）按快捷键 Ctrl＋D 取消选区，然后右击"图层 1"，选择"混合选项"命令，打开"图层样式"对话框，单击"投影"复选框后面的名称，打开"投影"设置，设置"混合模式"正片叠底、"不透明度"为 62％，取消选择"使用全局光"复选框，并设置"大小"为 6 像素、"距离"为 6 像素，其他选项保持默认，如图 6-17 所示。

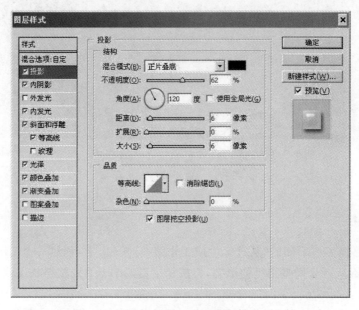

图 6-17　"投影"设置

（3）单击"内投影"复选框后面的名称，打开"内投影"设置，设置"混合模式"为柔光、"不透明度"为 93％、"角度"为－60 度，取消选择"使用全局光"复选框，并设置"距离"为 18 像素、"阻塞"为 4％、"大小"为 21 像素，其他选项保持默认，如图 6-18 所示。

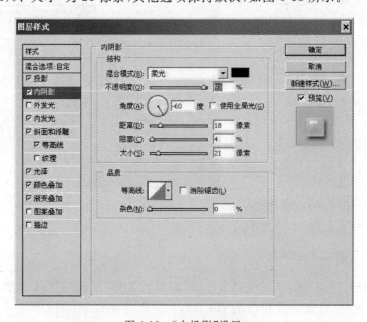

图 6-18　"内投影"设置

（4）单击"内发光"复选框后面的名称，打开"内发光"设置，设置"不透明度"为94％、"阻塞"为4％、"大小"为16像素、"范围"为100％，其他选项保持默认，如图6-19所示。

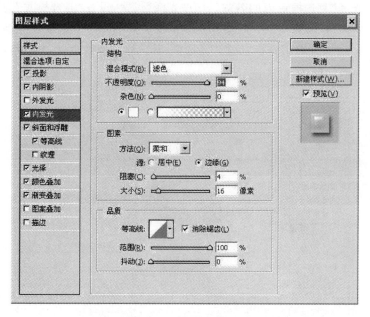

图6-19 "内发光"设置

（5）单击"斜面和浮雕"复选框后面的名称，打开"斜面和浮雕"设置，设置"深度"为191％、"大小"为13像素，取消选择"使用全局光"复选框，并设置"高度"为70度、"不透明度"为100％、"阴影模式"为叠加、"不透明度"为30％，其他选项保持默认，如图6-20所示。

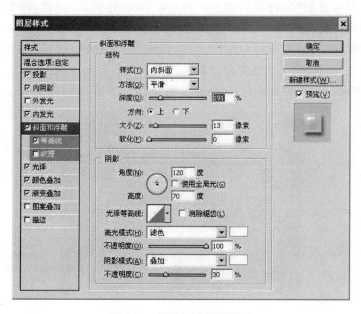

图6-20 "斜面和浮雕"设置

（6）单击"等高线"复选框后面的名称，打开"等高线"设置，选择"等高线"为高斯分布，设置"范围"为 65％。

（7）单击"光泽"复选框后面的名称，打开"光泽"设置，设置"混合模式"为颜色加深、"不透明度"为 100％、"角度"为 0 度、"距离"为 13 像素、"大小"为 24 像素、"等高线"为半圆，选择"消除锯齿"复选框，并取消选择"反相"复选框，其他选项保持默认，如图 6-21 所示。

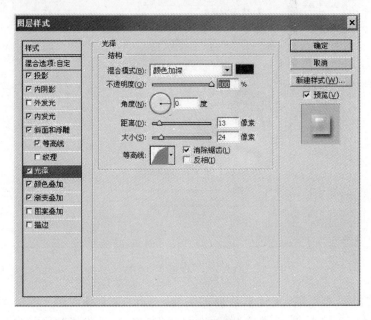

图 6-21　"光泽"设置

（8）单击"颜色叠加"复选框后面的名称，打开"颜色叠加"设置，设置"不透明度"为 77％，其他选项保持默认。

（9）单击"渐变叠加"复选框后面的名称，打开"渐变叠加"设置，设置"不透明度"为 100％，选择"反向"复选框，其他选项保持默认。

（10）按快捷键 Ctrl＋D 取消选区，效果如图 6-22 所示。

图 6-22　最终效果

使用文字蒙版工具创建的特效有个性，设计方便。当然，输入文字后，右击文字所在的图层,选择"混合选项"命令,使用图层样式也可以设计出漂亮的艺术字,但必须依附于字体,仍具有文字属性。

6.4 文字变形

Photoshop CS4 提供了 15 种文字变形样式,可以用来创作艺术字体。在工具箱中选择文字工具后,单击属性栏上的"创建文字变形"按钮 ,打开"变形文字"对话框,如图 6-23 所示,其中包含的文字变形样式如图 6-24 所示。在选定文字的情况下,打开"变形文字"对话框,可以选择变形样式,通过下面的滑动条或输入框设置变形文字样式的具体参数。图 6-25～图 6-27 为几种文字变形。

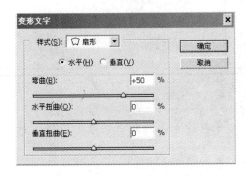

图 6-23 "变形文字"对话框   图 6-24 文字变形样式

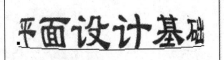

图 6-25 扇形样式   图 6-26 鱼眼样式

图 6-27 鱼形样式

6.5　区域文字排版

选择文字工具后直接单击输入文字的方式称为行式文本,其特点是单行输入,如果换行需要手动回车,如果不手动换行,文字将一直以单行排列下去,甚至超出图像边界。在大多数排版中,较多的文字都是以区域的形式排版的,如图 6-28 所示,这里有一段关于瑜伽的文字排列在一个方块背景中,为了让文字与背景配合,需要在每一句的结尾回车换行。但是,如果更改了背景的布局方式,文字就不能适应了,此时必须重新按照背景来分行。如果字符数量很多,这样的操作就会显得很烦琐。

图 6-28　区域文字

在设计中频繁地改动布局是常有的事,如此更改文字段落自然效率较低。对于这一情况,用户可以使用框式文本来解决。

6.5.1　段落面板

段落面板的主要功能是设置文字的对齐方式以及缩进量等,如图 6-29 所示。

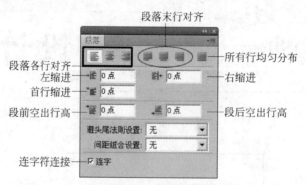

图 6-29　段落面板

- ▤▤▤ 段落各行对齐:主要设置横向文本的对齐方式,包括左对齐文本、居中对齐文本和右对齐文本。
- ▤▤▤ 段落末行对齐:只有在文件中选择段落文本时才可用,主要功能是调节段落最后一行的对齐方式,分别为最后一行左对齐、最后一行居中对齐、最后一行右对齐。

- ▦所有行均匀分布：设置段落的所有行以文本框宽为依据平均分布文字。
- ▣左缩进：设置段落左侧的缩进量。
- ▤右缩进：设置段落右侧的缩进量。
- ▤首行缩进：设置段落第一行的缩进量。
- ▤段前空出行高：设置与前一段落的间距。
- ▤段后空出行高：设置本段落与下一段落的间距。
- 避头尾法则设置：中文对于行首和行尾可以使用的标点是有限制的，行首不允许逗号、句号、感叹号、问号、分号、冒号、省略号、后引号、后书名号、后括号，行尾不允许前引号、前书名号、前括号。
- ▦▦▦▦▦▦▦（当选择直排文本工具创建段落时的段落对齐方式按钮）：对应功能为顶对齐文本、居中对齐文本、底对齐文本、最后一行顶对齐、最后一行居中对齐、最后一行底对齐以及全部对齐。
- "连字"复选框：允许使用连字符连接单词，主要针对英文等文字，对中文无效。

6.5.2　排版文字

和使用矩形选框工具一样，使用文字工具在图像中拖出一个输入框，然后输入文字，这样文字在输入框的边缘将自动换行，这样排版的文字也称为文字块。

拖动输入框周围的几个控制点（将鼠标置于控制点上变为双向箭头时）可以改变输入框的大小。如果输入框过小而无法全部显示文字，右下角的控制点处将出现一个加号，表示有部分文字未能显示，如图6-30所示。在输入框各控制点外部拖动鼠标可旋转输入框，文字也发生相应旋转，如图6-31所示。

输入框在完成文字输入后是不可见的，只有在编辑文字时才会再次出现。按住Ctrl键后拖动下方的控制点可产生压扁效果，如图6-32所示。

使用自由变换快捷键Ctrl＋T，虽然可以改变大小，但文字会产生压挤效果，与我们想要的让文字块依照改变后的矩形来排版段落相差甚远。

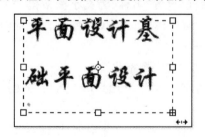　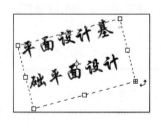　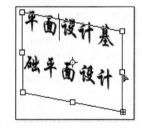

图6-30　文字未全部显示　　　　图6-31　旋转　　　　图6-32　斜切

6.6　沿路径排版文字

除了上面的排列方式以外，文字还可以依照选区转为的路径以及钢笔工具绘制的路径来排列。在开放路径上可形成类似行式文本的效果，如图6-33和图6-34所示。

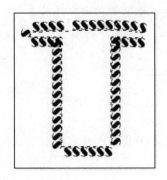

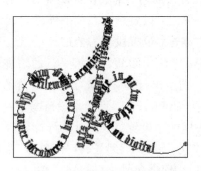

图 6-33　使用文字蒙版创建路径　　　图 6-34　使用钢笔工具绘制路径

6.7　栅格化文字

6.7.1　关于栅格化文字

在 Photoshop 中，使用文字工具输入的文字是矢量的，可以无限放大，不出现马赛克，但是不能使用滤镜。栅格化文字是将文字像素化，以单独编辑每一个像素，制作出更加丰富的效果。实现的方法是右击文字所在的图层，然后在弹出的快捷菜单（见图 6-35）中选择"栅格化文字"。用户也可以选择菜单"图层"→"栅格化"→"文字"命令，把文字栅格化。注意，这个过程是不可逆的，栅格化后的文字不再具有文字属性。

图层属性…
混合选项…

复制图层…
删除图层

转换为智能对象

链接图层
选择链接图层

选择相似图层

栅格化文字

创建工作路径
转换为形状

水平
垂直

6.7.2　栅格化文字实例

图 6-35　快捷菜单

（1）选择菜单"文件"→"新建"命令，打开"新建"对话框，设置"名称"为文字栅格化、"大小"为默认 Photoshop 大小、"分辨率"为 100 像素/英寸、"颜色模式"为 RGB 颜色、"背景内容"为白色，单击"确定"按钮。

（2）单击图层面板下方的"创建新图层"按钮，新建图层"文字栅格化"。

（3）选择工具箱中的横排文字工具（或按 T 键），设置字体颜色为 0f45f2。然后在文件窗口居中的位置单击，输入文字"文字栅格化"。

（4）按住 Alt 键，再按一次 ↑ 键，实现图层复制，复制的图层名为"文字栅格化 副本"。

（5）单击复制的图层，使用移动工具移动文字，使其与原文字错开，并修改字体的颜色为 000000。

（6）右击复制的图层，在弹出的快捷菜单中选择"栅格化文字"命令。

（7）选择菜单"滤镜"→"风格化"→"风"命令，打开"风"对话框，选择"风"、"从左"单选按钮，效果对比如图 6-36 所示。

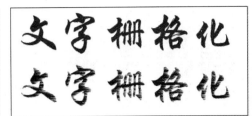

栅格化的图层   栅格化文字对比

图 6-36 栅格化文字

6.8 水晶字的制作

使用文字工具结合图层样式，可以制作出很多漂亮的文字。本实例用图层样式制作水晶字，具体步骤如下：

（1）新建一个 600 像素×600 像素的文件，如图 6-37 所示。

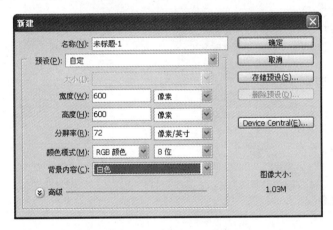

图 6-37 "新建"对话框

（2）选择横排文字工具，在属性栏中设置选项值，并输入文字"晶莹剔透"，参数设置如图 6-38 和图 6-39 所示，文字效果如图 6-40 所示。

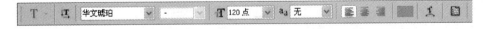

图 6-38 横排"文本工具"属性栏

（3）打开"图层样式"对话框，设置"投影"选项，如图 6-41 和图 6-42 所示，效果如图 6-43 所示。

（4）设置"内阴影"选项，如图 6-44 和图 6-45 所示，效果如图 6-46 所示。

（5）设置"内发光"选项，如图 6-47 和图 6-48 所示，效果如图 6-49 所示。

（6）设置"斜面和浮雕"选项，如图 6-50 和图 6-51 所示，最终效果如图 6-52 所示。最后保存文件，完成实例的制作。

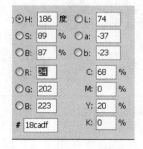

图 6-39　文本颜色

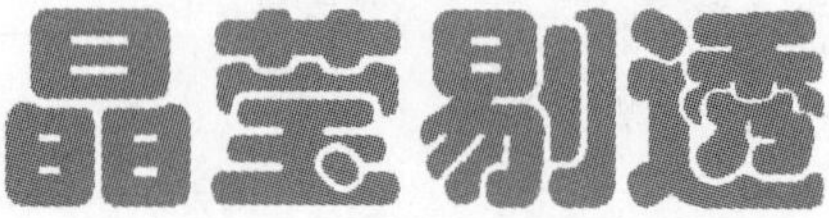

图 6-40　输入的文字效果

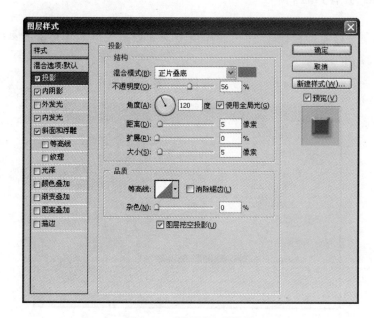

图 6-41　"投影"选项设置

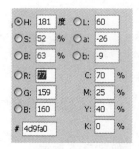

图 6-42　投影颜色

图 6-43　添加"投影"样式的效果

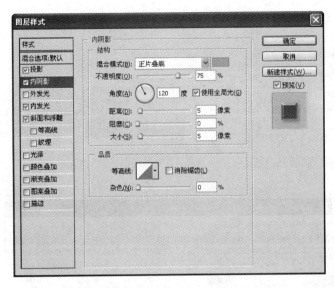

图 6-44 "内阴影"选项设置

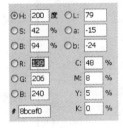

图 6-45 内阴影颜色

图 6-46 添加"内阴影"样式的效果

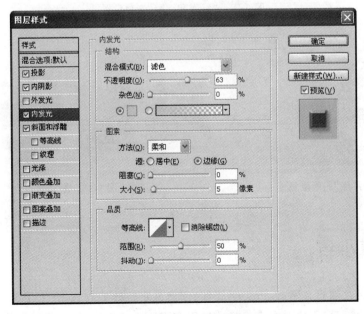

图 6-47 "内发光"选项设置

图 6-48　内发光颜色

图 6-49　添加"内发光"样式的效果

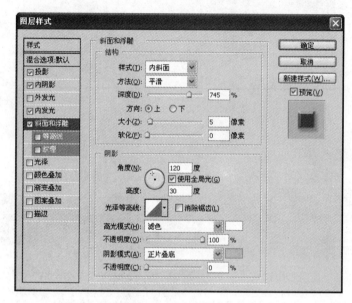

图 6-50　"斜面和浮雕"选项设置

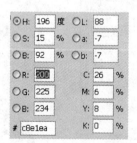

图 6-51　"斜面和浮雕"阴影颜色

图 6-52　最终效果

6.9　本章小结

　　本章主要通过创建文字、修改文字属性、创建文字特效等方式,介绍了文字工具的使用。通过本章实例的学习,用户对文字工具的使用有了更进一步的了解,可以创建出更多具有个性的文字特效,能够在使用文本时选择合适的排版方式为图片增加内涵。

习题 6

新建一个尺寸为 454 像素×340 像素的文件,其"分辨率"为 120 像素/英寸、"颜色模式"为 RGB、8 位、"背景内容"为白色。然后选择文字工具,使用字符面板设置"字体"为宋体,设置"字体大小"为 72 点,设置"行距"为自动、"颜色"为 0e18f6(即 R:14,G:24,B:254),并激活"仿粗体"按钮,具体设置如图 6-53 所示。接着在文件中单击,输入文字"美丽中国",然后选中"中国",设置其属性如图 6-54 所示。

图 6-53 "美丽"文字参数设置

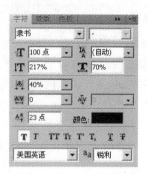
图 6-54 "中国"文字参数设置

第7章

通道与蒙版的使用

本章学习目标：
- 掌握通道与蒙版的基本概念与作用；
- 掌握通道与蒙版面板的设置；
- 熟练掌握通道与蒙版的使用。

本章主要学习 Photoshop CS4 中通道与蒙版的运用。通道和蒙版是 Photoshop 的高级运用技巧，用户深入理解通道和蒙版对灵活处理图像有很大的帮助。其中，Alpha 通道和使用绘图工具编辑蒙版是本章学习的重点。

7.1 通道的基本知识

在 Photoshop 中，通道是存储不同类型信息的灰度图像，通常用来调整图像颜色、创建和保存选区，是一种较为特殊的载体。通道在绘制和修饰图像应用方面极为广泛，有着其他工具不可替代的作用。通道可分为颜色通道、Alpha 通道和专色通道 3 种类型。
- 颜色通道：主要用来保存图像的色彩信息。
- Alpha 通道：主要用来保存选区。
- 专色通道：主要用来保存专色。

7.1.1 颜色通道

颜色通道就是含有颜色信息的通道。在 Photoshop CS4 中打开图像，Photoshop 会根据图像的颜色模式自动生成颜色通道，颜色通道的数量和图像的颜色模式有关。例如，打开一个 RGB 颜色模式的图像，通道面板上会生成红、绿、蓝 3 个原色通道和 RGB 复合通道。打开素材图片"7_1.jpg"，如图 7-1 所示，然后在"窗口"菜单中选择"通道"命令，此时，图像标题栏上的"RGB/8♯"表示该图片的颜色模式为 RGB，图 7-1 右下角则是通道面板。

不同图像的颜色模式不同，在通道面板上显示的信息也有所不同，在上图右下角的通道面板中，最上面的 RGB 通道称为"复合通道"，它是下面 3 个单色通道叠加之后的效果。

图 7-1　图片及通道面板

7.1.2　Alpha 通道

Alpha 通道是一个 8 位的灰度图像,有 256 个灰度级别,用户可以使用任何编辑工具来编辑 Alpha 通道。在选择 Alpha 通道时,前景色和背景色会自动调整为黑、白两色,我们使用黑、白两色和不同级别的灰度来编辑蒙版,默认情况下,使用白色可以增加编辑区域,黑色为保护区域,涂抹灰色则可以创建一定透明度的区域。灵活使用 Alpha 通道可以创建各种特殊形状的选区,在用普通工具无法创建的选区时,使用 Alpha 通道会得到意想不到的效果,后面会用实例来说明这一点。

在图 7-1 中,单击通道面板底部的"创建新通道"按钮,能够创建一个 Alpha 通道,如图 7-2 所示。

图 7-2　创建 Alpha 通道

7.1.3　专色通道

专色通道多用于印刷中,在进行颜色较多的特殊印刷时,除了默认的颜色通道以外,用户还可以创建专色通道。专色是用特殊的预混油墨来代替或补充印刷色(CMYK)油墨,且每一个专色通道都有相应的印版。用户在打印输出一个含有专色通道的图像时,必须先将图像模式转换到多通道模式下才可以。

双击图 7-2 中的 Alpha1 通道,在打开的"通道选项"对话框中选择"专色(P)"单选按钮,然后单击"确定"按钮,即可将刚才的 Alpha 通道转为专色通道,如图 7-3 所示。

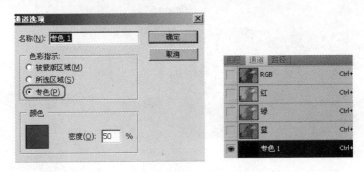

图 7-3　创建专色通道

7.1.4　通道面板

通道面板是使用通道的重要面板,在通道面板中可以实现对通道的创建、合并及删除等操作,如果用户在工作界面中没看到通道面板,可以在"窗口"菜单中选择"通道"命令打开通道面板,图 7-4 是通道面板的各组成部分。

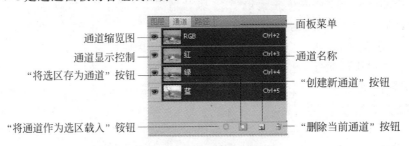

图 7-4　通道面板的组成

7.2　通道的基本操作

通道的基本操作包括创建通道、复制通道和删除通道等,掌握这些操作是使用通道的基础,下面对通道的基本操作进行介绍。

7.2.1 通道的创建

前面我们已经学过,可以通过单击通道面板底部的"创建新通道"按钮创建一个 Alpha 通道,另外,还可以通过按住 Alt 键单击"创建新通道"按钮,在打开的"新建通道"对话框中设置通道的参数来创建通道,如图 7-5 所示。

图 7-5 "新建通道"对话框

在图 7-5 所示的"新建通道"对话框中,"名称"是创建的通道的名称,"被蒙版区域"指在新建通道中没有颜色的区域代表选择范围,而有颜色的区域代表被蒙版的范围。如果选择"所选区域"单选按钮,相当于对"被蒙版区域"进行反相。"颜色"选项用于设置蒙版的颜色。"不透明度"用于设置蒙版的不透明度,它不会影响图像的透明度,只是对蒙版起作用。

7.2.2 通道的复制

复制通道是将一个通道中的图像复制到另一个通道中,原来通道的图像不受影响。复制通道的方法是选中要复制的通道,将其拖到通道面板右下方的"创建新通道"按钮上,放开鼠标,这样就能复制出一个新的通道副本。用户也可以在要复制的通道上右击,在弹出的快捷菜单中选择"复制通道"命令复制通道,如图 7-6 所示。

7.2.3 通道的删除

在处理图像的过程中,用户有时需要删除一些不再使用的通道,以节省图像占用的磁盘空间。删除通道的方法是用鼠标选中需要删除的通道,将其拖到通道面板右下方的"删除通道"按钮上。用户也可以在要删除的通道上右击,在弹出的快捷菜单中选择"删除通道"命令进行删除,如图 7-7 所示。

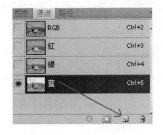

图 7-6 复制通道

图 7-7 删除通道

7.2.4　通道的分离

分离通道是将图像中的各个通道分离出来,用到其他地方。在分离通道后,原来最上方的复合通道会自动消失,只剩下颜色通道、Alpha 通道或专色通道。分离之后的通道相互独立,用户可以分别对这些通道进行编辑和修改,以达到某些特定的效果。

下面来看一个分离通道的例子:

打开素材图片"7_2.jpg",单击通道面板右上角的"面板菜单"按钮,选择"分离通道"命令,如图 7-8 所示,即可得到分离后的通道,如图 7-9 所示。

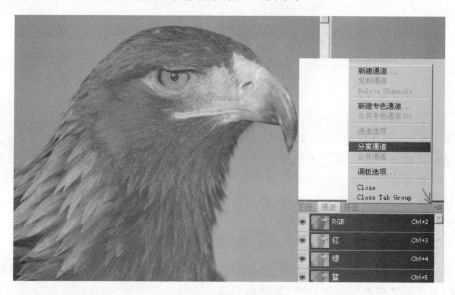

图 7-8　分离通道

图 7-9　分离之后的通道

7.2.5 通道的合并

通过合并通道操作可以将前面分离的通道合并,合并后的通道恢复分离前的颜色。下面接着上面的例子介绍合并通道的方法,操作如下:

选择通道面板菜单中的"合并通道"命令,打开"合并通道"对话框,其中有"模式"和"通道"两个选项,如图 7-10 所示。

"模式"用于选择合并通道的模式,有 RGB 颜色、CMYK 颜色、Lab 颜色和多通道 4 种颜色模式。用户在选择模式的时候要注意图像的模式,如果图像中含有 Alpha 通道和专色颜色,要选择"多通道"选项。在此选择"RGB 颜色"选项。

"通道"选项的数值表示参加合并的通道数,与图像的模式相关,这里设置通道值为 3,表示原来的 R、G、B 3 个通道值。

单击"确定"按钮,会打开"合并 RGB 通道"对话框,如图 7-11 所示。

图 7-10 合并通道

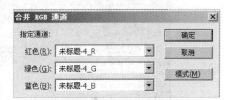

图 7-11 "合并 RGB 通道"对话框

再次单击"确定"按钮,就完成了通道的合并,这时分离的灰度图像将恢复到原来的RGB 颜色图像,如图 7-12 所示。

图 7-12 合并后的通道

7.2.6　将 Alpha 通道载入选区

按住 Ctrl 键单击通道，可以将该通道载入选区，用户也可以在"选择"菜单中选择"载入选区"命令实现此功能。

7.3　通道的使用

前面介绍了通道的基本概念和基本操作，但是如果不加练习，用户很难具体理解通道的概念和使用方法，下面由浅入深地通过一系列实例来介绍通道，使用户掌握通道的使用方法。

7.3.1　通道的创建、复制与编辑

下面通过一个实例练习通道的创建、复制和编辑，以及载入选区等操作，实例效果是在一幅画上添加淡淡的月亮图像，如图 7-13 所示。

图 7-13　用通道加上月亮

具体操作如下：

（1）打开素材图片"7_3.jpg"，如图 7-14 所示。

图 7-14　处理前的图像

（2）在图层面板中单击右下角的"创建新图层"按钮新建一个图层，命名为"月亮"图层，如图 7-15 所示。

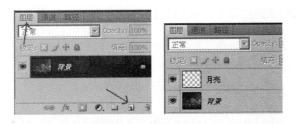

图 7-15　新建图层

（3）在选中"月亮"图层的前提下，在工具箱中选择椭圆选框工具，然后在图像的左上角绘制一个椭圆选区，如图 7-16 所示。

图 7-16　绘制椭圆选区

（4）在"选择"菜单中选择"存储选区"命令，在打开的"存储选区"对话框中单击"确定"按钮，将选区存储为"Alpha1"通道，然后取消选区，如图 7-17 所示。

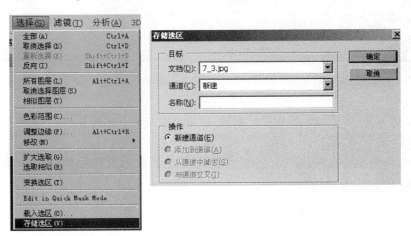

图 7-17　创建 Alpha 通道

（5）切换到通道面板，这时用户能看到通道最下面的"Alpha1"通道，选中"Alpha1"通道，将它拖到"创建新通道"按钮 🔲 上，复制出通道"Alpha1 副本"（也可以直接右击"Alpha1"通道，在弹出的快捷菜单中选择"复制通道"命令），如图 7-18 所示。

图 7-18　复制 Alpha 通道

（6）在通道面板上单击"Alpha1"通道和"Alpha1 副本"通道前的眼睛图标，让"Alpha1"和"Alpha1 副本"通道前的眼睛图标显示出来，如图 7-19 所示。

图 7-19　显示 Alpha 通道

（7）在选中"Alpha1 副本"通道的前提下，选择工具箱中的移动工具 ➤+，用鼠标将图像的粉红色部分向右拖动一小段距离（注意，鼠标不要在椭圆上拖动，在空白的粉红色位置拖动），如图 7-20 所示。

（8）按住 Ctrl 键单击"Alpha1"通道，将其载入选区。然后按住快捷键 Ctrl＋Alt，再单击"Alpha1 副本"通道，将"Alpha1 副本"通道也载入选区，并从 Alpha1 选区中减去"Alpha1 副本"通道的选区，得到月亮选区，如图 7-21 所示。

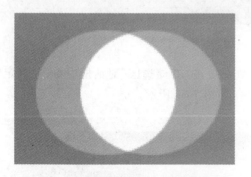 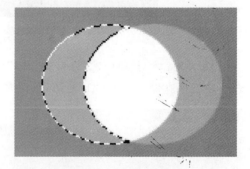

图 7-20　拖动"Alpha1 副本"通道　　　　　图 7-21　将两个通道相减，得到月亮选区

（9）选择菜单"选择"→"修改"→"羽化"命令，在打开的"羽化选区"对话框中将"羽化半径"设置为 5，单击"确定"按钮，如图 7-22 所示。

（10）切换到图层面板，选中"月亮"图层，然后把前景色设置为 RGB（245，233，156），再选择油漆桶工具 🪣，单击选区，为选区填充颜色，最后取消选区，如图 7-23 所示。

通过上面的实例练习，读者可以了解通道的创建、复制与编辑等操作。

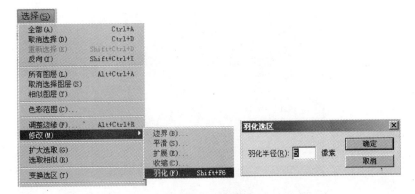

图 7-22 羽化选区

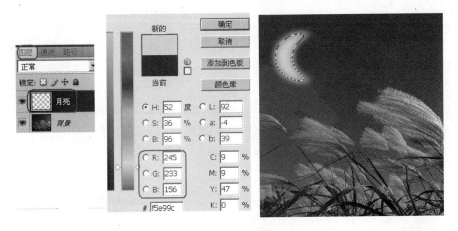

图 7-23 填充选区

7.3.2 通道的分离与合并

下面通过一个实例练习通道的分离和合并,将两幅图像合成一幅新的彩色图像,效果如图 7-24 所示。

图 7-24 通道的分离与合并练习

图 7-24　（续）

具体操作如下：

（1）打开素材图片"7_4.jpg"和"7_5.jpg"，分别在它们的通道面板上单击"面板菜单"按钮 ，然后在通道面板菜单中选择"分离通道"命令，如图 7-25 所示。

此时得到了 6 个分离出来的通道。

（2）在通道面板上单击"面板菜单"按钮 ，然后在通道面板菜单中选择"合并通道"命令，打开"合并通道"对话框，选择模式为"CMYK 颜色"，设置通道数为 4，"合并 CMYK 通道"的选项如图 7-26 所示。

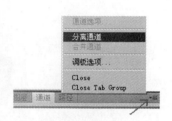

图 7-25　分离通道

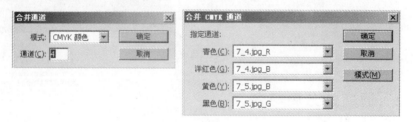

图 7-26　合并通道

合并后的效果如图 7-27 所示。

图 7-27　合并通道效果

7.3.3 利用通道进行抠图

下面通过一个使用通道抠图的实例,来练习通道的高级使用技巧。通道抠图的要点在于,每个通道其实是一个灰度图,通道没有色彩信息,白色代表选区,灰色为半选择,所以,我们要把要抠的部分做成白色,将其余部分做成黑色。

具体操作如下:

(1) 打开素材图片"7_6.jpg",切换到图层面板,然后双击"背景"图层,在打开的"新建图层"对话框中直接单击"确定"按钮,把背景图层转换为普通图层"图层0",如图7-28所示。

图 7-28 转换图层为普通图层

(2) 切换到通道面板,经过观察发现,蓝色通道的对比效果较明显,因此复制蓝色通道,得到"蓝 副本"。然后选择"蓝 副本"通道,将"蓝"通道前面的眼睛去掉,加上"蓝 副本"通道前的眼睛,如图7-29所示。

(3) 选择菜单"图像"→"调整"→"色阶"命令,在打开的"色阶"对话框中按图7-30设置参数,以加强图像与背景的对比。

图 7-29 选择并显示"蓝 副本"通道

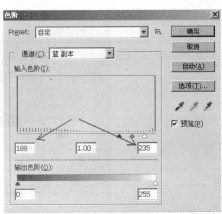

图 7-30 调整色阶

（4）单击"确定"按钮，调整色阶后的效果如图 7-31 所示。

图 7-31 调整色阶后的效果

（5）此时对比还不够明显，将前景色设为黑色，然后选择画笔工具 ，在其属性栏中选择尖角较大的笔刷，在人物图像区域中进行涂抹，将人物全部涂黑，如图 7-32 所示。

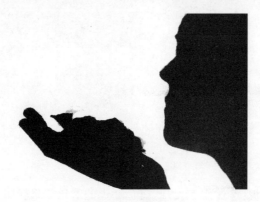

图 7-32 涂抹

（6）按快捷键 Ctrl＋I 将颜色反相（也可以使用"图像"→"调整"→"反相"命令），把黑、白两色互换（因为白色表示通道的选区），然后用钢笔工具把黑色部分不够黑的地方涂黑，如图 7-33 所示。

图 7-33 反相并涂抹

（7）按住 Ctrl 键单击"蓝 副本"通道，将它载入选区。然后切换到图层面板，在"图层 0"上右击，选择"复制图层"命令。接着按快捷键 Ctrl＋C 复制选区，再打开素材图片"7_7.jpg"，按快捷键 Ctrl＋V 粘贴，并调整大小，最终效果如图 7-34 所示。

图 7-34　粘贴并查看抠图结果

7.4　蒙版基本知识

蒙版是合成图像的一项重要功能，通过创建和编辑蒙版，可以合成各种图像效果，而且不会使图像受损。蒙版的作用就是将图像蒙盖起来，起一种保护作用。被蒙版覆盖的图像区域会被保护起来，以免被误修改，没有使用蒙版覆盖的区域则可以自由编辑。默认情况下，蒙版的白色区域是可编辑区域，黑色是被保护区域。

蒙版存储在 Alpha 通道中，Alpha 通道是一个 8 位的灰度图像，有 256 个灰度级别，可以使用任何编辑工具来编辑 Alpha 通道。在选择 Alpha 通道时，前景色和背景色会自动调整为黑、白两色，用户可以使用黑、白两色和不同级别的灰度来编辑蒙版，默认情况下，使用白色可以增加编辑区域，黑色为保护区域，涂抹灰色则可以创建一定透明度的区域。

蒙版主要有图层蒙版、快速蒙版、矢量蒙版几种，下面对蒙版的概念、作用和应用进行介绍。

7.4.1　图层蒙版

图层蒙版是很最常用的蒙版，是合成图像的重要手段，图层蒙版使用灰度图像来控制图层中图像的显示和隐藏，如图 7-35 所示。

图 7-35　图层蒙版

7.4.2　快速蒙版

快速蒙版是制作和编辑选区的临时环境,主要用来创建选区。在快速蒙版模式下,用户能使用绘图工具和滤镜对蒙版进行编辑,以获得选定的区域和非选定区域,从而得到不同形状的选区。

7.4.3　矢量蒙版

矢量蒙版与图层蒙版很相似,可以显示和隐藏图层中的部分内容,或保护部分区域不被编辑。

7.4.4　剪贴蒙版

剪贴蒙版是一种特殊的蒙版,它不仅可以显示和隐藏图像,还可以保护图像不被破坏。剪贴蒙版主要由基层和内容层两部分组成,基层位于剪贴蒙版的底部,名称带有下划线,内容蒙版在基层上方,呈缩进状态,带有弯曲箭头图标。

7.5　蒙版的基本操作

蒙版的操作和图层相似,主要包括创建蒙版、编辑蒙版和删除蒙版,下面对蒙版的基本操作进行介绍。

7.5.1　蒙版的创建

蒙版的创建可以通过单击图层面板底部的"添加图层蒙版"按钮 ▣ 实现,注意,蒙版的创建只能在普通图层或通道中创建,如果要在图像的背景图层上创建蒙版,必须先将背景图层转换为普通图层(见上面的实例),然后在普通图层上创建蒙版。

图 7-36　素材图片

(1) 打开素材图片"7_8.jpg",如图 7-36 所示。

(2) 在"背景"图层上右击,选择"复制图层"命令,因为蒙版的创建只能在普通图层或通道中创建,如果要在图像的背景层上创建蒙版,必须先将背景层转换为普通层,如图 7-37 所示。

(3) 选中"背景 副本"图层上,选择菜单"图像"→"调整"→"色相/饱和度"命令,按图 7-38 所示调整色相/饱和度,在此将色相值设置为+150,单击"确定"按钮。

(4) 单击"确定"按钮,效果如图 7-39 所示。

(5) 单击图层面板底部的"添加图层蒙版"按钮 ▣ 创建图层蒙版,这时,在"背景 副本"图层上即可添加一个图层蒙版,如图 7-40 所示。

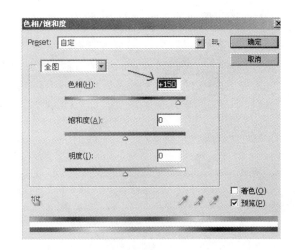

图 7-37 转换背景图层为普通图层　　　　图 7-38 调整副本图层的色相/饱和度

图 7-39 调整色相/饱和度后　　　　图 7-40 创建图层蒙版

7.5.2 蒙版的编辑

在创建好图层蒙版后，接下来就可以对创建好的图层蒙版进行编辑了。

（1）接上例，在工具箱中选择渐变工具 ，设置前景色为黑色、背景色为白色。然后在属性栏中选择"前景色到背景色渐变"，设置渐变方式为"线性渐变"，如图 7-41 所示。

前景色到背景色渐变　　　　线性渐变

图 7-41 设置渐变工具属性

（2）在图层蒙版上进行操作，在此用鼠标从下向上拉出渐变，效果如图7-42所示。

图7-42   在图层蒙版上拉出渐变

7.5.3   蒙版的删除

如果图层蒙版的效果不理想，可以将它删除。删除蒙版的方法是右击要删除蒙版的预览图，在弹出的快捷菜单中选择"删除图层蒙版"命令，如图7-43所示。

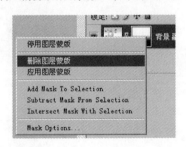

图7-43   删除图层蒙版

7.6   蒙版的使用

前面介绍了蒙版的基本概念和基本操作，下面通过合成图像的实例来分别练习快速蒙版、图层蒙版、矢量蒙版的使用方法。

7.6.1   使用快速蒙版合成图像

下面通过一个实例，练习使用快速蒙版合成图像的方法。注意，按 Q 键可以进入快速蒙版状态，再按一次 Q 键即可退出。

（1）打开素材图片"7_9.jpg"和"7_10.jpg"，分别在标题栏上右击，在弹出的快捷菜单中选择"移动到新窗口"命令,将两张图像并排放置,如图 7-44 所示。

图 7-44　打开图像并排放置

(2)选择移动工具 ,将"7_10.jgp"的图像拖到"7_9.jgp"中,并按图 7-45 所示摆放。

图 7-45　拖动图像

(3)设置前景色为黑色、背景色为白色,在属性栏中选择"前景色到背景色渐变",并设置渐变方式为"线性渐变",如图 7-46 所示。

前景色到背景色渐变　　线性渐变

图 7-46　设置渐变工具属性

(4)选中"图层 1",在英文状态下按一次 Q 键,进入快速蒙版状态,然后用鼠标在图像的中间由右向左拉动,如图 7-47 所示。

(5)再按一次 Q 键,退出快速蒙版状态,然后按 7 或 8 次 Delete 键,删除渐变区域的部分图像,最后按快捷键 Ctrl+ D 取消选区,得到合成效果,如图 7-48 所示。

图 7-47　进入快速蒙版状态，拉动渐变工具

图 7-48　快速蒙版的合成效果

7.6.2　使用图层蒙版合成图像

快速蒙版是编辑选区的一个临时环境，如果要结束快速蒙版，将其关闭即可，但要再次修改比较困难。如果要反复编辑蒙版，可以使用图层蒙版，下面使用图层蒙版来进行图像合成。

（1）打开素材图片"7_11.jpg"和"7_12.jpg"，分别在标题栏上右击，在弹出的快捷菜单中选择"移动到新窗口"命令，将两张图像并排放置，如图 7-49 所示。

（2）如果想将女孩放置到云朵上，又不想抠图，可以采用图层蒙版很方便地实现两张图像的合成。选择移动工具 ，将"7_12.jpg"的图像拖到"7_11.jpg"中，并按图 7-50 所示摆放。

（3）选中"图层 1"，单击图层面板下方的"添加图层蒙版"按钮，为"图层 1"添加一个图层蒙版，如图 7-51 所示。

（4）在工具箱上选择画笔工具，然后在属性栏中设置"画笔"为"柔角 200 像素"，将不透明度和流量都设置为 100%，如图 7-52 所示。

（5）设置前景色为黑色、背景色为白色，按住鼠标左键在人物周围拖动，把人物周围的

图 7-49　打开两张图片

图 7-50　移动图片　　　　　　图 7-51　添加图层蒙版

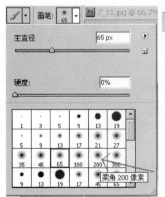

图 7-52　设置画笔

物体擦去。然后在头上等细节部位,把画笔工具设为"柔角 45 像素",对细微部位进行擦除,最终效果如图 7-53 所示。

图 7-53　图层蒙版合成图

7.6.3　使用矢量蒙版合成图像

矢量蒙版由钢笔或形状工具创建，与分辨率无关，下面通过一个例子来练习矢量蒙版的使用。

（1）打开素材图片"7_13.jpg"，如图 7-54 所示。

图 7-54　打开图片

（2）设置前景色为图像中树叶的颜色、背景色为白色，然后选择渐变工具，在属性栏中选择"前景色到背景色渐变"，设置"渐变模式"为线性渐变，如图 7-55 所示。

（3）单击图层面板底部的"创建新图层"按钮，新建"图层 1"图层。然后移动鼠标指针到窗口内部，按图 7-56 所示拉出渐变。

（4）选择工具箱中的自定形状工具，然后在属性栏中激活"路径"按钮，在"形状"下拉列表框中选择"叶子 2"选项，如图 7-57 所示。

图 7-55 设置渐变工具属性

图 7-56 新建图层并拉出渐变

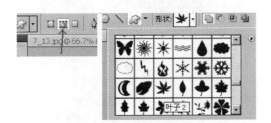

图 7-57 自定形状

（5）选中"图层 1"，按住 Shift 键拖动鼠标，在"图层 1"上绘制多片叶子，如图 7-58 所示。

图 7-58 绘制叶子

（6）选择菜单"图层"→"矢量蒙版"→"当前路径"命令，如图 7-59 所示。

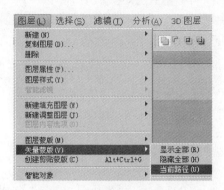

图 7-59　"当前路径"命令

（7）执行上面的操作后，在当前路径创建了一个矢量蒙版，效果如图 7-60 所示。

图 7-60　矢量蒙版效果

（8）选择自定形状工具，继续向图中添加叶子。

（9）按住 Shift 键单击矢量蒙版缩览图，可以将矢量蒙版暂时关闭，以查看图像的效果。用户还可以在矢量蒙版缩览图上右击，选择"栅格化矢量蒙版"命令，将矢量蒙版转换为图层蒙版进行操作，如图 7-61 所示。

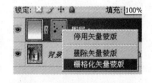

图 7-61　栅格化矢量蒙版

7.7　本章小结

本章对通道和蒙版的概念和使用进行了详细介绍，通道和蒙版是 Photoshop 的高级技巧，用户只有掌握了通道和蒙版，才能对 Photoshop 的使用更上一个台阶。通道和蒙版与其他 Photoshop 技术相结合能做出更好的效果，在后面的综合练习中，我们会再次使用通道和蒙版。

习题 7

一、选择题

1. Alpha 通道最主要的用途是（　　　）。

   A. 保存图像的色彩信息   B. 创建新通道

   C. 用来存储和建立选择范围   D. 为路径提供通道

2. 下列工具可以存储图像中的选区的是（　　　）。

   A. 路径   B. 画笔   C. 图层   D. 通道

3. 在 Photoshop 中能保留新增图层及新增通道信息的存储格式是（　　　）。

   A. Photoshop   B. JPEG   C. TIFF   D. Photoshop EPS

4. 下列存储格式不支持 Alpha 通道的是（　　　）。

   A. TIFF   B. PSD   C. DCS 2.0   D. JPEG

5. 当将 CMYK 模式的图像转换为多通道模式时，产生的通道名称是（　　　）。

   A. 青色、洋红、黄色、黑色   B. 青色、洋红、黄色

   C. 4 个名称都是 Alpha 通道   D. 4 个名称都是 Black（黑色通道）

6. Alpha 通道相当于（　　　）的灰度图。

   A. 4 位   B. 8 位   C. 16 位   D. 32 位

7. 在 RGB 模式的图像中加入的新通道是（　　　）。

   A. 红色通道   B. 绿色通道   C. Alpha 通道   D. 蓝色通道

8. 若要进入快速蒙版状态，应该（　　　）。

   A. 建立一个选区   B. 选择一个 Alpha 通道

   C. 单击工具箱中的快速蒙版图标   D. 选择"编辑"菜单中的"快速蒙版"命令

9. 按（　　　）键可以使图像进入快速蒙版状态。

   A. F   B. Q   C. T   D. A

10. 在工具箱底部有两个按钮，分别为"以标准模式编辑"和"以快速蒙版模式编辑"，通过快速蒙版可以对图像中的选区进行修改，按（　　　）键可以将图像切换到"以快速蒙版模式编辑"状态（在英文输入状态下）。

   A. A   B. C   C. Q   D. T

二、填空题

1. Alpha 通道相当于_____位的灰度图。

2. 在图层面板中，在按住_____的同时单击"删除图层"按钮，可直接将选中的图层删除。

3. 当将 RGB 模式的图像转换为多通道模式时，产生的通道名称是_____。

4. 当图像是_____模式时，所有的滤镜都不可以使用（假设图像是 8 位通道）。

5. 在增加一个图层时，图层面板中的"创建新图层"按钮是灰色不可选的，最有可能的原因是（假设图像是 8 位通道）_____。

三、问答题

1. Alpha 通道最主要的用途是什么？

2. 简述蒙版的作用和种类。

第 **8** 章

滤 镜

本章学习目标：

- 认识滤镜和滤镜库；
- 掌握特殊滤镜的使用方法；
- 掌握各种滤镜的作用与使用技巧。

本章首先介绍滤镜和滤镜库，然后介绍内置滤镜的功能、特点和使用方法，最后以 4 个具体实例介绍滤镜的使用原则和操作技巧。

8.1 认识滤镜和滤镜库

滤镜是 Photoshop 最神奇的功能之一，应用滤镜可以改变图像像素的位置或颜色，从而产生各种特殊效果。滤镜的功能非常强大，不仅可以将普通的图像调整得生动绚丽，还可以模拟各种绘画效果，例如素描、水彩、油画等。

8.1.1 认识滤镜

Photoshop 中的滤镜可以分为特殊滤镜、滤镜组中的滤镜及外挂滤镜。特殊滤镜和滤镜组中的滤镜显示在"滤镜"菜单中。第三方开发的滤镜可以作为增效工具使用，在安装了外挂滤镜后，这些增效滤镜将会出现在"滤镜"菜单的底部，它们与内置滤镜的使用一样，如图 8-1 所示。

Photoshop CS4 中的滤镜多达百余种，大部分滤镜的操作方法相似，也比较简单。用户在使用滤镜时先选择需要使用滤镜命令的可见图层，然后从"滤镜"菜单中选择所需的滤镜，再适当调整相关参数即可。

滤镜从功能上大致分为 3 种类型，即修改滤镜、复合类滤镜和创造性滤镜。使用修改滤镜可以修改图像文件中的像素，它们用于调整图像的外观，例如"纹理"滤镜、"扭曲"滤镜等。复合类

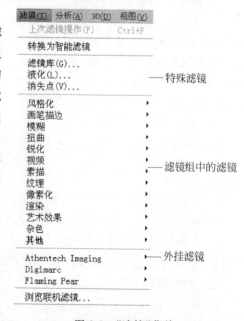

图 8-1 "滤镜"菜单

滤镜包含自己独特的工具和操作方法,如"液化"滤镜、"消失点"滤镜等。创造性滤镜可以脱离原始图像进行操作,该类滤镜只有一个"云彩"滤镜,是唯一可以应用于没有像素区域的滤镜。

8.1.2 认识滤镜库

滤镜库是一个集合了多个常用滤镜的对话框,并加入了"滤镜层"功能。利用"滤镜库"可以对一幅图像应用一个或多个滤镜,或对一幅图像多次应用同一个滤镜,也可以用其他滤镜替换已有的滤镜。滤镜库中包括了 6 类效果鲜明的滤镜。

选择菜单"滤镜"→"滤镜库"命令即可打开滤镜库,如图 8-2 所示。滤镜库由预览区域、滤镜缩略图、参数设置栏和滤镜层控制区 4 个部分组成。

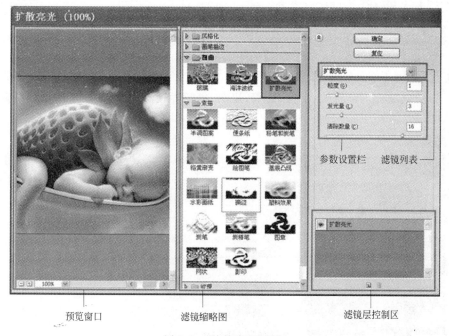

图 8-2 "滤镜库"对话框

- 预览区域:此区域显示应用了当前滤镜后的图像效果。单击该区域下方的 □ □ 按钮可以缩小或放大图像的显示比例,用户也可以单击其右侧的下拉列表框 │ 100% ▼ ,在弹出的菜单中选择合适的显示比例。
- 滤镜缩略图:此区域显示的是集成在滤镜库中的 6 类滤镜组,单击滤镜组的名称可将其展开,并显示出该滤镜组中所包含的滤镜。单击相应的缩略图即可应用此滤镜。单击滤镜缩略图右上角的 ▲ 按钮可以将此区域隐藏,以扩大图像预览窗口,再次单击该按钮可以重新显示滤镜缩略图。当滤镜缩略图隐藏时,可以通过右侧的"滤镜列表"选择所需的滤镜,列表中的滤镜是以滤镜名称按照汉语拼音的顺序排列的。
- 参数设置栏:在此区域可以调整与当前滤镜对应的各项参数。
- 滤镜层控制区:此区域显示当前图像已经应用的滤镜,并可通过"新建效果图层"按钮 □ 添加滤镜层,每个滤镜层中都可以选择一个滤镜,可以通过拖动滤镜层改变其相对位置,滤镜层的顺序对图像效果会有影响。选择一个滤镜层,单击"删除效果图层"按钮 🗑 可将其删除。

8.2 特殊滤镜

特殊滤镜包括"液化"滤镜、"消失点"滤镜,"抽出"滤镜和"镜头校正"滤镜,这些滤镜拥有自己的工具,功能非常强大。

"抽出"滤镜和"镜头校正"滤镜是作为"可选增效工具"的形式出现的,用户可以选择安装这两种滤镜。

8.2.1 液化

1."液化"滤镜

"液化"滤镜是修饰图像和进行艺术效果创建的有力工具,其操作简单,但功能却很强大。使用"液化"滤镜可以创建推拉、收缩、扭曲、旋转等变形效果,该滤镜可用于图像中的任何区域。

选择菜单"滤镜"→"液化"命令,打开"液化"对话框,如图 8-3 所示。

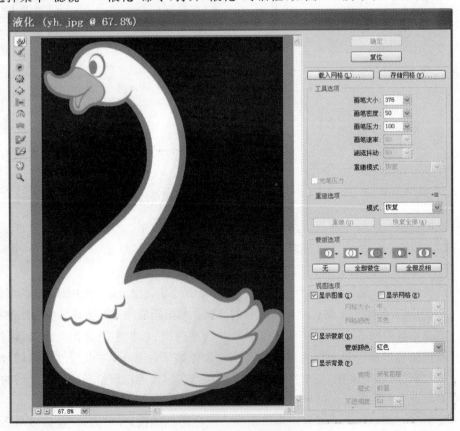

图 8-3 "液化"对话框

  "液化"对话框由工具箱、预览区域和选项栏 3 个部分组成。该对话框左侧的工具箱主要用于设置液化变形模式,右侧的选项栏可以设置画笔的大小、压力及显示方式等参数。

  液化工具箱中有 12 个工具,用户使用这些工具在图像上单击并拖动鼠标即可对其进行变形操作,变形集中在画笔的中心。各工具的功能及应用效果如表 8-1 所示。

表 8-1   "液化"对话框中的工具介绍

工 具 名 称	功　　能	应用效果
向前变形工具	使用该工具可以移动图像中的像素,得到变形的效果	
重建工具	使用该工具在变形区域中单击或拖动进行涂抹,可以使变形区域的图像恢复到原始状态	
顺时针旋转扭曲工具	使用该工具在图像中单击或移动时,图像会被顺时针旋转扭曲,当按住 Alt 键单击时,图像会被逆时针旋转扭曲	
褶皱工具	使用该工具在图像中单击或移动时,可以使像素向画笔中间区域的中心移动,使图像产生收缩的效果	
膨胀工具	使用该工具在图像中单击或移动时,可以使像素向画笔中心区域以外的方向移动,使图像产生膨胀的效果	
左推工具	使用该工具可以使图像产生挤压变形的效果,使用该工具垂直向上拖动时,像素向左移动;向下拖动时,像素向右移动;当按住 Alt 键垂直向上拖动时,像素向右移动,向下拖动时,像素向左移动;若使用该工具围绕对象顺时针拖动,可增加其大小,若逆时针拖动,则减小其大小	
镜像工具	使用该工具在图像上拖动可以创建与描边方向垂直区域的影像的镜像,创建类似于水中倒影的效果	
湍流工具	使用该工具可以平滑地混杂像素,产生类似火焰、云彩、波浪等效果	
冻结蒙版工具	使用该工具可以在预览区域绘制出冻结区域,在调整时,冻结区域内的图像不会受到变形工具的影响,例如右图中的红色区域是冻结区域,变形工具对这些区域不起作用	

工 具 名 称	功　　能	应 用 效 果
解冻蒙版工具	使用该工具涂抹冻结区域能够解除该区域的冻结,例如右图中将冻结区域解冻后,这些区域会受到变形工具的影响	
抓手工具	放大图像的显示比例后,可使用该工具移动图像,以观察图像的不同区域	
缩放工具	使用该工具在预览区域中单击可放大图像的显示比例,按住 Alt 键在该区域中单击,则会缩小图像的显示比例	

在"液化"对话框中,右侧"工具选项"区域中各参数的功能如下。

- 画笔大小:设置将用来扭曲图像的画笔的宽度。
- 画笔密度:控制画笔如何在边缘羽化,产生的效果是画笔的中心最强,边缘处最轻。
- 画笔压力:设置在预览图像中拖动工具时的扭曲速度。使用低画笔压力可减慢更改速度,因此,更易于在恰到好处的时候停止。设置的值越大,应用扭曲的速度越快。
- 湍流抖动:控制湍流工具对像素混杂的紧密程度。
- 重建模式:用于重建工具,选取的模式确定该工具如何重建预览图像的区域。
- 光笔压力:使用光笔绘图板中的压力读数(只有在使用光笔绘图板时,此复选框才可用)。选择"光笔压力"复选框后,工具的画笔压力为"光笔压力"与"画笔压力"值的乘积。

在"液化"对话框中,右侧"重建选项"区域中各参数的功能如下。

- 模式:在此下拉列表框中,可以选择与"工具选项"区域中"重建模式"下拉列表框中基本相同的重建图像模式。
- 重建:单击此按钮,可以按照默认的参数重建一部分图像效果,直至完全恢复至原图像状态。
- 恢复全部:单击此按钮,将放弃当前所有的扭曲效果,以恢复至原图像状态。

当图像中已经有一个选区、透明度或蒙版时,会在打开"液化"对话框时保留该信息。在"液化"对话框中,右侧"蒙版选项"区域中各参数的功能如下。

- 替换选区：显示原图像中的选区、蒙版或透明度。
- 添加到选区：显示原图像中的蒙版,以便用户可以使用冻结蒙版工具添加选区,将通道中的选定像素添加到当前的冻结区域中。
- 从选区中减去：从当前的冻结区域中减去通道中的像素。
- 与选区交叉：只使用当前处于冻结状态的选定像素。
- 反相选区：使用选定像素使当前的冻结区域反相。
- 无:单击此按钮,可以使图像全部解冻。
- 全部蒙住:单击此按钮,可以使图像全部冻结。

- 全部反相：单击此按钮，可以使冻结区域和解冻区域反相。

"视图选项"区域主要用来显示或隐藏图像、网格和背景。另外，还可以设置网格大小和颜色，以及蒙版颜色、背景模式和不透明度。

- 显示图像：控制是否在预览区域中显示图像。
- 显示网格：选择该复选框可以在预览区域中显示网格，通过网格可以更好地查看扭曲效果。选择"显示网格"复选框后，下方的"网格大小"选项和"网格颜色"选项可用，这两个选项用来设置网格的密度和颜色。
- 显示蒙版：控制是否显示蒙版，可以在下方的"蒙版颜色"选项中修改蒙版的颜色。
- 显示背景：如果当前文档中包含多个图层，可以在"使用"下拉列表框中选择其他图层作为查看背景。其中，"模式"选项用来设置背景的查看方式，"不透明度"选项用来设置背景的不透明度。

2．实例练习：用"液化"滤镜美化人像

(1) 打开素材图片"yh.jpg"。

(2) 选择菜单"滤镜"→"液化"命令，打开"液化"对话框，如图 8-4 所示。

图 8-4 "液化"对话框

（3）在"液化"对话框中选择向前变形工具 ，设置"画笔大小"为80，然后用画笔在右侧人物的脸颊及下巴处往里推，直到达到满意效果（做此操作时，对鼠标控制要求较高，因此动作不要太大，以免造成人物脸部轮廓凹凸不平的现象），如图8-5所示。

图8-5 使用向前变形工具进行瘦脸操作

（4）选择膨胀工具 ，用画笔在人物的眼睛上单击，可将眼睛放大（做此操作时，画笔大小要比眼睛略大，以免形成凸眼），如图8-6所示。

图8-6 使用膨胀工具放大眼睛

注意：在应用"液化"滤镜进行人像美化操作时要谨记"过犹不及"的原则，注意图像的整体协调，切勿过度液化。

8.2.2 消失点

1. "消失点"滤镜

使用"消失点"滤镜可以在包含透视平面（例如建筑物侧面或任何矩形对象）的图像中进行透视校正编辑。在修饰、仿制、复制、粘贴和移除图像内容时，Photoshop可以准确地确定这些操作的方向。

选择菜单"滤镜"→"消失点"命令，打开"消失点"对话框，如图8-7所示。

消失点工具的工作方式类似于Photoshop工具箱中的对应工具，用户可以使用相同的键盘快捷键来设置工具选项，选择一个工具会更改"消失点"对话框中的可用选项。

• 编辑平面工具 ：选择、编辑、移动平面并调整平面大小。

图 8-7 "消失点"对话框

- 创建平面工具：定义平面的 4 个角点、调整平面的大小和形状并拉出新的平面。
- 选框工具：建立方形或矩形选区，同时移动或仿制选区。在平面中双击选框工具可选择整个平面。
- 图章工具：使用图像的一个样本绘画。它与仿制图章工具不同，消失点中的图章工具不能仿制其他图像中的元素。
- 画笔工具：用平面中选定的颜色绘画。
- 变换工具：通过移动外框手柄来缩放、旋转和移动浮动选区。
- 吸管工具：在预览图像上单击时，选择一种用于绘画的颜色。
- 测量工具：在平面中测量项目的距离和角度。
- 抓手工具：在预览区域中移动图像。
- 缩放工具：在预览区域中放大或缩小图像的视图。

2. 实例练习：用"消失点"滤镜清除图像中的杂物

（1）打开素材图片"xsd.jpg"。

（2）选择菜单"滤镜"→"消失点"命令，打开"消失点"对话框。

（3）使用创建平面工具在图像中的地板上创建一个透视平面（如果创建的平面不合适，可以用编辑平面工具对透视节点进行调整），如图 8-8 所示。

（4）使用选框工具在透视平面上绘制一个选区，如图 8-9 所示。

图 8-8　创建透视平面

图 8-9　绘制选区

（5）将光标放置在选区内，在按住 Alt 键的同时将选区拖曳到有扫把的位置上，如图 8-10所示。

图 8-10　使用消失点工具清除地板上的扫把

（6）使用同样的方法将地板上的水管清除掉，完成后的图像效果如图 8-11 所示。

图 8-11　使用"消失点"滤镜处理的图像

8.3　内置滤镜组

Photoshop CS4 中内置了一百多种滤镜,分别置于风格化、模糊、扭曲等 13 个滤镜组中。滤镜的使用方法比较简单,对图像或某图层应用滤镜命令即可完成相应的操作,熟练地应用滤镜创建特殊的图像效果可以大大增加图像的观赏性和趣味性。

8.3.1　"风格化"滤镜组

"风格化"滤镜组中的滤镜通过置换像素和查找并增加图像的对比度,在选区中生成绘画或印象派的效果。"风格化"滤镜组中包含 9 种滤镜,其功能及效果如表 8-2 所示。

表 8-2　"风格化"滤镜组介绍

滤镜名称	滤镜功能	原　图	滤镜效果
查找边缘	可以自动查找图像像素对比度变换强烈的边界,将高反差区变亮,将低反差区变暗,而其他区域则介于两者之间,同时硬边会变成线条,柔边会变粗,从而形成一个清晰的轮廓		
等高线	查找主要亮度区域的转换并为每个颜色通道淡淡地勾勒主要亮度区域的转换,以获得与等高线图中的线条类似的效果		
风	在图像中放置细小的水平线条来获得风吹的效果,其方法包括"风"、"大风"(用于获得更生动的风效果)和"飓风"(使图像中的线条发生偏移)		
浮雕效果	通过将选区的填充色转换为灰色,并用原填充色描画边缘,使选区显得凸起或压低,其选项包括角度(－360 度使表面凹陷,360 度使表面凸起)、高度和数量(1%～500%)		

滤镜名称	滤镜功能	原 图	滤镜效果
扩散	可以使图像中相邻的像素按指定的方式随机移动,从而使图像扩散,形成一种类似于透过磨砂玻璃观察物体时的分离模糊效果		
拼贴	将图像分解为一系列块状,并使其偏离原来的位置,以产生不规则拼砖的图像效果		
曝光过度	混合负片和正片图像,类似于显影过程中将摄影照片短暂曝光		
凸出	可以将图像分解成一系列大小相同且有机重叠放置的立方体或椎体,赋予图像一种3D纹理效果		
照亮边缘	标识图像颜色的边缘,并向其添加类似霓虹灯的亮光,此滤镜可累积使用		

8.3.2 "画笔描边"滤镜组

"画笔描边"滤镜组中的滤镜模拟用不同的画笔和油墨描边,绘制出绘画效果。"画笔描边"滤镜组中包含8种滤镜,其功能及效果如表8-3所示。

表 8-3 "画笔描边"滤镜组介绍

滤镜名称	滤镜功能	原 图	滤镜效果
成角的线条	用对角描边重新绘制图像,深色和浅色处笔触的方向相反		
墨水轮廓	在原图像上以纤细的铅笔笔触描绘图像		
喷溅	将图像模拟成以墨水喷溅方式绘制而成的效果		
喷色描边	产生按一定的方向喷溅的效果,图像就像被雨水冲刷过一样		
强化的边缘	强化图像的边缘,高亮度使边缘像用白粉笔涂抹的,低亮度使边缘像用油墨涂抹的		
深色线条	用短而绷紧的深色线条绘制暗区,用长而白的线条绘制亮区		

续表

滤镜名称	滤镜功能	原 图	滤镜效果
烟灰墨	使图像看起来像是用蘸满黑色油墨的湿画笔在宣纸上绘画,可以使用非常黑的油墨来创建柔和的模糊边缘		
阴影线	保留图像的细节,同时增加纹理,并通过用铅笔打阴影线来增加边缘的粗糙度		

8.3.3 "模糊"滤镜组

使用"模糊"滤镜组中的滤镜,可以对图像选区或图层中的线条和阴影区域硬边相邻的像素进行平均化,从而产生平滑过渡的模糊效果。"模糊"滤镜组中包含 11 种滤镜,其功能及效果如表 8-4 所示。

表 8-4 "模糊"滤镜组介绍

滤镜名称	滤镜功能	原 图	滤镜效果
表面模糊	可以在保留边缘的同时模糊图像,使用此滤镜可以创建特殊效果并消除杂色或粒度		
动感模糊	可以沿指定的方向,以指定的距离进行模糊,从而模拟调整运动物体留下的残影效果,使静止图像产生速度感		
方框模糊	可以基于相邻像素的平均颜色值来模糊图像,生成的模糊效果类似于方块模糊		

续表

滤镜名称	滤镜功能	原　　图	滤镜效果
高斯模糊	可以向图像中添加低频细节,使图像产生一种朦胧的模糊效果		
进一步模糊	可以平衡已定义的线条和遮蔽区的清晰边缘旁边的像素,使变化显得柔和。此滤镜是轻微模糊滤镜,没有参数设置对话框		
径向模糊	用于模拟缩放或旋转相机时所产生的模糊,产生的是一种柔化的模糊效果		
镜头模糊	以已绘制的 Alpha 通道或者图层蒙版作为图像离镜头远近的依据,模拟景深的效果		
模糊	轻微的模糊,用于在图像中有显著颜色变化的地方消除杂色,此滤镜没有参数设置对话框		
平均	可以查找图像或选区的平均颜色,然后用该颜色填充图像或选区		

滤镜名称	滤镜功能	原　图	滤镜效果
特殊模糊	将某一半径范围内相近似的颜色自动混合,可以精确地控制模糊的程度		
形状模糊	可以用设置的形状来创建特殊的模糊效果		

8.3.4 "扭曲"滤镜组

使用"扭曲"滤镜组中的滤镜可以对图像进行几何扭曲,创建 3D 或其他效果。在处理图像时,这些滤镜可能会占用大量的内存。"扭曲"滤镜组中包含 13 种滤镜,其功能及效果如表 8-5 所示。

表 8-5 "扭曲"滤镜组介绍

滤镜名称	滤镜功能	原　图	滤镜效果
波浪	可以在图像上创建类似于波浪起伏的效果		
波纹	可以在图像上产生水面波纹的效果,与"波浪"滤镜类似,但只能控制波纹的数量和大小		
玻璃	可以使图像产生仿佛透过不同类型的玻璃进行观看的效果		

滤镜名称	滤镜功能	原　图	滤镜效果
海洋波纹	可以将随机波纹添加到图像表面,使图像产生海洋中波纹的效果		
极坐标	使图像在直角坐标系与平面极坐标系之间互换		
挤压	使图像或选区产生由内向外或由外向内的挤压效果		
镜头校正	可以修复常见的镜头瑕疵,也可以使用此滤镜旋转图像,或修复由于相机在垂直或水平方向上倾斜而导致的图像透视错误现象		
扩散亮光	可以向图像中添加白色杂色,并从图像中心向外渐隐高光,使图像产生一种光芒漫射的效果		
切变	使图像在垂直方向上沿指定路径扭曲		

滤镜名称	滤镜功能	原 图	滤镜效果
球面化	使图像产生中间向外鼓的效果，就像包裹在球表面一样		
水波	可以使图像产生真实的水波波纹效果		
旋转扭曲	使图像绕选区中心旋转，中心的旋转程度大于边缘		
置换	可以用另外一张图像（必须为PSD 文件）的亮度值使当前图像的像素重新排列，并产生位移效果		

8.3.5 "锐化"滤镜组

使用"锐化"滤镜组中的滤镜可以通过增强相邻像素之间的对比度来聚焦模糊的图像。"锐化"滤镜组中包含 5 种滤镜，其功能及效果如表 8-6 所示。

表 8-6 "锐化"滤镜组介绍

滤镜名称	滤镜功能	原 图	滤镜效果
USM 锐化	可以查找图像颜色发生明显变化的区域，然后将其锐化		

续表

滤镜名称	滤镜功能	原　图	滤镜效果
进一步锐化	可以通过增加像素之间的对比度使图像变得清晰，但锐化效果不是很明显，此滤镜没有参数设置对话框		
锐化	与"进一步锐化"滤镜的原理一样，但是其锐化效果没有"进一步锐化"滤镜明显，应用一次"进一步锐化"滤镜，相当于应用了3次"锐化"滤镜		
锐化边缘	只锐化图像的边缘，同时保留图像整体的平滑度，此滤镜没有参数设置对话框		
智能锐化	具有独特的锐化选项，可以设置锐化算法，控制阴影和高光区域的锐化量		

8.3.6　"视频"滤镜组

使用"视频"滤镜组中的滤镜可以处理从隔行扫描方式的设备中提取的图像。"视频"滤镜组中包含两种滤镜，其功能及效果如表 8-7 所示。

表 8-7　"视频"滤镜组介绍

滤镜名称	滤镜功能	原　图	滤镜效果
NTSC 颜色	可以将色域限制在电视机重现可接受的范围内，以防止过饱和颜色渗到电视扫描行中		

滤镜名称	滤镜功能	原　图	滤镜效果
逐行	可以移动视频图像中的奇数或偶数隔行线,使在视频上捕捉的运动图像变得平滑		

8.3.7 "素描"滤镜组

使用"素描"滤镜组中的滤镜可以将纹理添加到图像上,通常用于模拟速写和素描等艺术效果。大部分"素描"滤镜在绘制图像时需要用到前景色和背景色,因此,设置不同的前景色和背景色可以得到不同的艺术效果。表 8-8 所示的滤镜效果图均是由灰色前景色、白色背景色得到的。"素描"滤镜组中包含 14 种滤镜,其功能及效果如表 8-8所示。

表 8-8　"素描"滤镜组介绍

滤镜名称	滤镜功能	原　图	滤镜效果
半调图案	模拟半调网屏的效果,并保持色调的连续范围,图像颜色与前景色有关		
便条纸	使图像看起来好像是处于手工制作的纸面上,此滤镜简化了图像,并合成了浮雕效果和斑点效果		
粉笔和炭笔	可以制作粉笔和炭笔效果,炭笔使用前景色;粉笔使用背景色;高光和中间调用粉笔绘制,暗调用炭笔绘制		

滤 镜 名 称	滤 镜 功 能	原　　图	滤 镜 效 果
铬黄	使图像看起来像擦亮的铬合金表面,应用此滤镜后可通过"色阶"对话框为图像增加更多的对比度		
绘图笔	使用细直的油墨描边来捕捉原始图像中的细节,对扫描图像效果更明显。其中纸色使用背景色,墨水颜色使用前景色		
基底凸现	使图像呈现浮雕和雕刻状,突出光照下变化各异的表面,图像中的暗部区域呈现为前景色,浅色区域呈现为背景色		
水彩画纸	创建好像在潮湿的纤维纸上绘画的效果,使颜色产生流动的效果并相互渗透		
撕边	使图像呈现出由粗糙、撕碎的纸片组成的效果,再使用前景色和背景色为图像着色		
塑料效果	模拟类似塑料的效果		

滤镜名称	滤镜功能	原　图	滤镜效果
炭笔	产生色调分享的涂抹效果,其中,图像中的主要边缘以粗线条进行绘制,中间色调用对角描边进行素描;炭笔使用前景色,纸张使用背景色		
炭精笔	在图像上模拟出浓黑和纯白的炭精笔纹理,暗部区域使用前景色,亮色区域使用背景色		
图章	可以简化图像,使之看起来就像是用橡皮或木制图章创建的一样,此滤镜用于黑白图像时效果最好		
网状	模拟胶片乳胶的可控收缩和扭曲来创建图像,使之在阴影处呈结块状,在高光处呈轻微颗粒化		
影印	模拟影印图像的效果		

8.3.8 "纹理"滤镜组

使用"纹理"滤镜组中的滤镜可以向图像中添加纹理质感,常用来模拟具有深度感或物质感的外观。"纹理"滤镜组中包含 6 种滤镜,其功能及效果如表 8-9 所示。

表 8-9　"纹理"滤镜组介绍

滤 镜 名 称	滤 镜 功 能	原　图	滤 镜 效 果
龟裂缝	模拟将图像绘制在一个高凸现的石膏表面上,以沿着图像等高线生成精细的网状裂缝。使用此滤镜可以对包含多种颜色值或灰度值的图像创建浮雕效果		
颗粒	通过模拟多种不同种类的颗粒(常规、柔和、喷洒、结块、强反差、扩大、点刻、水平、垂直和斑点)在图像中添加纹理		
马赛克拼贴	使图像看起来是由小的碎片拼贴组成的		
拼缀图	将图像分解为用图像中该区域的主色填充的正方形。此滤镜会随机减小或增大拼贴的深度,以模拟高光和阴影		
染色玻璃	将图像重新绘制为用前景色勾勒的单色的相邻单元格		
纹理化	将选择或创建的纹理应用于图像		

8.3.9 "像素化"滤镜组

使用"像素化"滤镜组中的滤镜可以将图像进行分块或平面化处理。"像素化"滤镜组中包含 7 种滤镜,其功能及效果如表 8-10 所示。

表 8-10 "像素化"滤镜组介绍

滤镜名称	滤镜功能	原 图	滤镜效果
彩块化	使纯色或相近颜色的像素结成相近颜色的像素块。常用此滤镜制作手绘图像或抽象派绘画效果,此滤镜没有参数设置对话框		
彩色半调	模拟在图像的每个通道上使用放大的半调网屏的效果。对于每个通道,滤镜将图像划分为矩形,并用圆形替换每个矩形,且圆形的大小与矩形的亮度成比例		
点状化	将图像中的颜色分解为随机分布的网点,如同点状化绘画一样,并使用背景色作为网点之间的画布区域		
晶格化	使图像中颜色相近的像素结块形成多边形纯色		
马赛克	使像素结为方形色块,每个色块中的像素颜色相同,色块颜色代表选区中的颜色		

滤镜名称	滤镜功能	原　图	滤镜效果
碎片	将图像或选区中的像素复制4次,然后将复制的像素平均分布,并使其相互偏移。此滤镜没有参数设置对话框		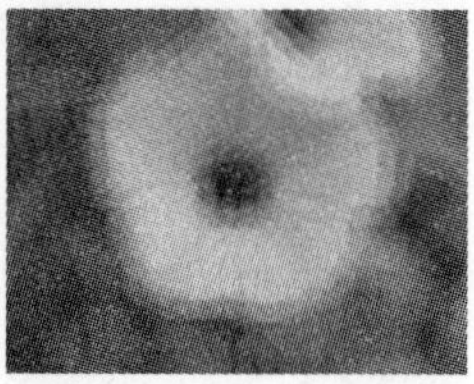
铜版雕刻	将图像转换为黑白区域的随机图案或彩色图像中完全饱和颜色的随机图案	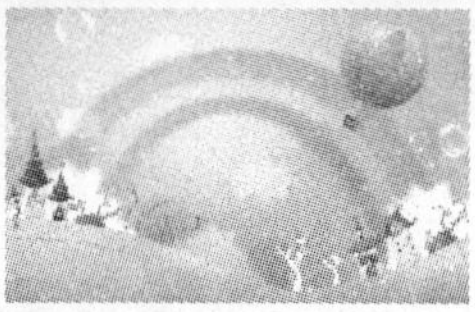	

8.3.10　"渲染"滤镜组

使用"渲染"滤镜组中的滤镜可以在图像中创建云彩图案、3D形状、折射图像和模拟的光反射效果。"渲染"滤镜组中包含5种滤镜,其功能及效果如表8-11所示。

表 8-11　"渲染"滤镜组介绍

滤镜名称	滤镜功能	原　图	滤镜效果
分层云彩	使用随机生成的介于前景色与背景色之间的值,生成云彩图案。第一次应用此滤镜时,图像的某些部分被反相为云彩图案,多次应用后,会创建出与大理石纹理相似的凸缘与叶脉图案	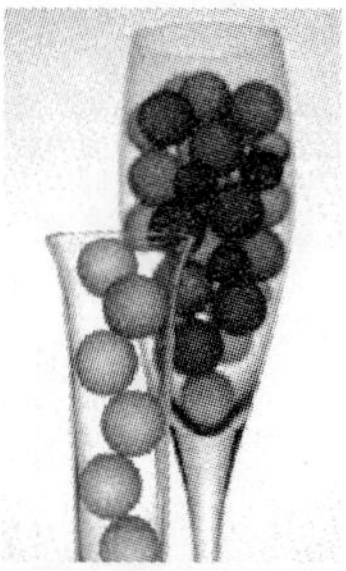	
光照效果	可以通过改变17种光照样式、3种光照类型和4套光照属性,在RGB图像上产生无数种光照效果,还可以使用灰度文件的纹理(称为凹凸图)产生类似3D的效果		
镜头光晕	模拟亮光照射到相机镜头所产生的折射。通过单击图像缩览图中的任一位置或拖动其十字线,指定光晕中心的位置		

滤镜名称	滤镜功能	原　图	滤镜效果
纤维	使用前景色和背景色创建编织纤维的外观		
云彩	使用介于前景色与背景色之间的随机值,生成柔和的云彩图案。应用"云彩"滤镜,当前图层上的图像数据会被替换。		

8.3.11　"艺术效果"滤镜组

使用"艺术效果"滤镜组中的滤镜可以为美术或商业项目制作绘画效果或艺术效果。"艺术效果"滤镜组中包含 15 种滤镜,其功能及效果如表 8-12 所示。

表 8-12　"艺术效果"滤镜组介绍

滤镜名称	滤镜功能	原　图	滤镜效果
壁画	使用短而圆的小块颜料粗略涂抹,以一种粗糙的风格绘制图像		
彩色铅笔	使用彩色铅笔在纯色背景上绘制图像,保留边缘,外观呈粗糙阴影线,纯色背景色透过比较平滑的区域显示出来		
粗糙蜡笔	在带纹理的背景上应用粉笔描边。在亮色区域,粉笔看上去很厚,几乎看不见纹理;在深色区域,粉笔似乎被擦去了,使纹理显露出来		

续表

滤镜名称	滤镜功能	原　图	滤镜效果
底纹效果	可以在带纹理的背景上绘制图像,然后将最终图像绘制在该图像上		
调色刀	可以减少图像中的细节,以生成描绘得很淡的画布效果		
干画笔	使用干画笔技术(介于油彩和水彩之间)绘制图像边缘,通过将图像的颜色范围降到普通颜色范围来简化图像		
海报边缘	可以减少图像中的颜色数量(对其进行色调分离),并查找图像的边缘,在边缘上绘制黑色线条。大而宽的区域有简单的阴影,细小的深色细节遍布图像		
海绵	使用颜色对比强烈、纹理较重的区域创建图像,以模拟用海绵绘画的效果		

滤镜名称	滤镜功能	原　图	滤镜效果
绘画涂抹	可以选取各种大小(1～50)和类型的画笔来创建绘画效果。画笔类型包括简单、未处理光照、未处理深色、宽锐化、宽模糊和火花		
胶片颗粒	将平滑图案应用于阴影和中间色调,将一种更平滑、饱和度更高的图案添加到亮区		
木刻	使图像看上去好像是由从彩纸上剪下的边缘粗糙的剪纸片组成的。高对比度的图像看起来呈剪影状,而彩色图像看上去像是由几层彩纸组成的		
霓虹灯光	将各种类型的灯光添加到图像中的对象上,用于在柔化图像外观时给图像着色		
水彩	以水彩风格绘制图像,使用蘸了水和颜料的中号画笔绘制,以简化细节。当边缘有明显的色调变化时,此滤镜会使颜色更饱满		
塑料包装	可以在图像上涂一层光亮的塑料,以表现图像表面的细节		

续表

滤镜名称	滤镜功能	原　图	滤镜效果
涂抹棒	可以使用较短的对角描边涂抹暗部区域，以柔化图像		

8.3.12　"杂色"滤镜组

使用"杂色"滤镜组中的滤镜可以添加或移除图像中的杂色或带有随机分布色阶的像素，有助于将选区混合到周围的像素中。"杂色"滤镜组中的滤镜可创建与众不同的纹理或移除有问题的区域，如灰尘和划痕。"杂色"滤镜组中包含 5 种滤镜，其功能及效果如表 8-13 所示。

表 8-13　"杂色"滤镜组

滤镜名称	滤镜功能	原　图	滤镜效果
减少杂色	在基于影响整个图像或各个通道的参数设置保留边缘的同时减少杂色		
蒙尘与划痕	可以通过修改具有差异化的像素来减少杂色，以有效地去除图像中的杂点和划痕		
去斑	检测图像的边缘（发生明显颜色变化的区域）并模糊除边缘外的所有选区，同时保留图像的细节。此滤镜没有参数设置对话框		

滤镜名称	滤镜功能	原　图	滤镜效果
添加杂色	将随机像素应用于图像,模拟在高速胶片上拍照的效果,也可以用来修饰图像中经过重大编辑的区域		
中间值	通过混合选区中像素的亮度来减少图像的杂色。此滤镜搜索像素选区的半径范围,以查找亮度相近的像素,扔掉与相邻像素差异较大的像素,并用搜索到的像素的中间亮度值替换中心像素		

8.3.13　"其他"滤镜组

使用"其他"滤镜组中的滤镜可以创建自己的滤镜,或者使用滤镜修改蒙版,或者在图像中使选区发生位移和快速调整颜色。"其他"滤镜组中包含 5 种滤镜,其功能及效果如表 8-14 所示。

表 8-14　"其他"滤镜组介绍

滤镜名称	滤镜功能	原　图	滤镜效果
高反差保留	可以在有强烈颜色变化的地方按指定的半径保留边缘细节,并且不显示图像的其余部分		
位移	可以在水平或垂直方向上偏移图像		

续表

滤 镜 名 称	滤 镜 功 能	原　　图	滤 镜 效 果
自定	用户可以设计自己的滤镜效果。使用"自定"滤镜,根据预定义的数学运算(称为卷积),可以更改图像中每个像素的亮度值		
最大值	可以在指定的半径范围内用周围像素的最高亮度值替换当前像素的亮度值		
最小值	具有伸展功能,可以扩展黑色区域,收缩白色区域		

8.4　制作旋转棒棒糖

本例主要应用"旋转扭曲"滤镜及图层样式制作可爱的棒棒糖图案,效果如图 8-12 所示。

图 8-12　棒棒糖效果

操作步骤如下:

(1) 打开素材图片"nq.jpg"。

(2) 新建"图层 1"。

（3）按住 Shift 键，使用椭圆选框工具，在"图层 1"上绘制一个正圆形选区，如图 8-13 所示。

图 8-13　绘制正圆形选区

（4）将正圆形选区填充为白色。

（5）将前景色设置为红色，用画笔工具在选区内随意地涂抹绘制，如图 8-14 所示。

图 8-14　用画笔工具在选区内涂抹

（6）按快捷键 Ctrl＋D 取消选区，然后选择菜单"滤镜"→"扭曲"→"旋转扭曲"命令，在打开的"旋转扭曲"对话框中设置"角度"为 999，如图 8-15 所示。

图 8-15　应用"旋转扭曲"滤镜

（7）在图层面板上对当前图层添加"斜面和浮雕"图层样式，参数设置如图 8-16 所示。

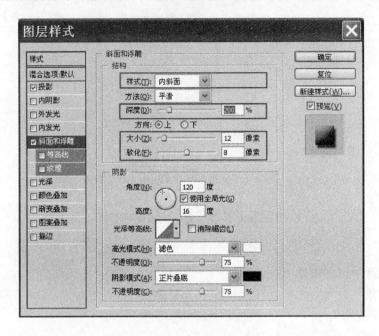

图 8-16　添加"斜面和浮雕"图层样式

（8）选择"斜面和浮雕"下方的"等高线"复选框，在其右侧的设置面板中选择等高线样式为"内凹-浅"，如图 8-17 所示。

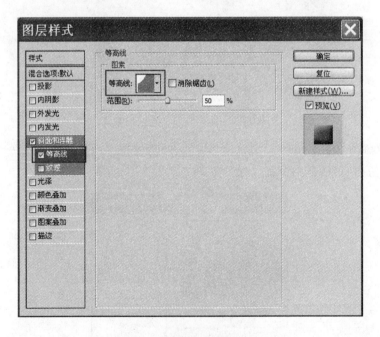

图 8-17　设置"等高线"样式

（9）添加"投影"图层样式，参数设置如图 8-18 所示。

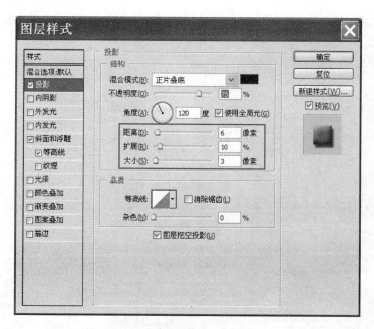

图 8-18　添加"投影"图层样式

（10）新建"图层 2"，使用矩形选框工具在"图层 2"中绘制一个矩形选区，并用绿色填充，如图 8-19 所示。

图 8-19　绘制矩形选区并用绿色填充

（11）将背景色设置为黄色。

（12）选择菜单"滤镜"→"素描"→"半调图案"命令，在打开的"半调图案"对话框中设置参数，如图 8-20 所示。

（13）参考第（7）～（9）步的方法为"图层 2"添加图层样式。

（14）将"图层 2"拖至"图层 1"下方，然后按快捷键 Ctrl＋T，调整矩形的大小、角度及位置，如图 8-21 所示。

（15）用同样的方法，改变颜色，可以制作多款旋转棒棒糖，如图 8-22 所示。

图 8-20　应用"半调图案"滤镜

图 8-21　调整矩形的大小及位置

图 8-22　制作多款旋转棒棒糖

8.5 制作油画

油画是利用油画色和油画刀,在表面做过防渗处理的亚麻布上绘制的画作。本例将一幅普通的图像制作成油画效果,如图8-23所示。

图8-23 油画效果

操作步骤如下:

(1) 打开素材图片"ys.jpg"。

(2) 选择菜单"滤镜"→"像素化"→"彩块化"命令两次,效果如图8-24所示。

图8-24 应用两次"彩块化"滤镜命令

(3) 选择菜单"滤镜"→"艺术效果"→"调色刀"命令,在打开的"调色刀"对话框中设置参数,如图8-25所示。

(4) 选择菜单"滤镜"→"艺术效果"→"绘画涂抹"命令,在打开的"绘画涂抹"对话框中设置参数,如图8-26所示。

图 8-25　应用"调色刀"滤镜

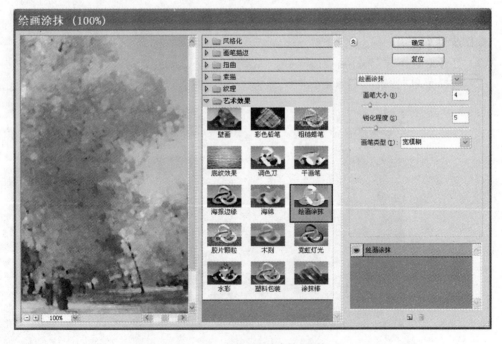

图 8-26　应用"绘画涂抹"滤镜

（5）选择菜单"滤镜"→"纹理"→"颗粒"命令，在打开的"颗粒"对话框中设置参数，如图 8-27 所示。

（6）选择菜单"滤镜"→"纹理"→"纹理化"命令，在打开的"颗粒"对话框中设置参数，如图 8-28 所示。

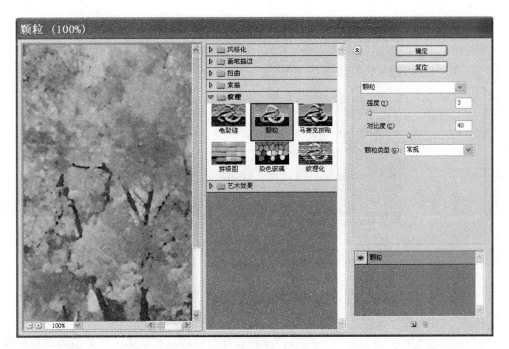

图 8-27　应用"颗粒"滤镜

图 8-28　应用"纹理化"滤镜

最终效果如图 8-29 所示。

图 8-29　最终效果

8.6　制作雪花特效

用户可以用"其他"滤镜组中的"自定"滤镜设计自己的滤镜效果。此滤镜可以根据预定义的"卷积"数学运算来更改图像中每个像素的亮度值。本例主要应用"自定"滤镜制作雪花飞舞的效果,如图 8-30 所示。

图 8-30　雪花特效

操作步骤如下:

(1) 打开素材图片"zd.jpg"。

(2) 新建"图层 1",并用白色填充。

(3) 选择菜单"滤镜"→"杂色"→"添加杂色"命令,在打开的"添加杂色"对话框中设置参数,如图 8-31 所示。

(4) 选择菜单"滤镜"→"其他"→"自定"命令,在打开的"自定"对话框中设置参数,如图 8-32 所示。

图 8-31　应用"添加杂色"滤镜

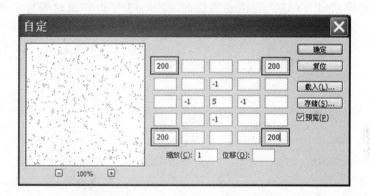

图 8-32　应用"自定"滤镜

（5）使用矩形选框工具框选一部分图像，如图 8-33 所示。

图 8-33　框选一部分图像

（6）选择菜单"选择"→"反向"命令（或按快捷键 Shift＋Ctrl＋I）反选选区，并按 Delete 键将选区中的图像删除，如图 8-34 所示。

图 8-34　删除大部分杂色图像

（7）按快捷键 Ctrl＋T 进入自由变换状态，将"图层 1"内容调整到与背景大小相同，如图 8-35 所示。

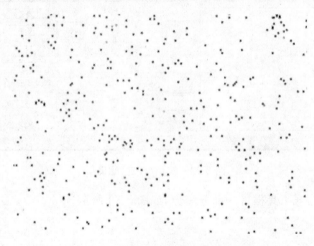

图 8-35　将剩余图像调整到与背景大小相同

（8）选择菜单"图像"→"调整"→"反相"命令，将图像的色彩反相，如图 8-36 所示。

（9）使用魔棒工具选择黑色区域，然后按 Delete 键将黑色部分删除，如图 8-37 所示。

（10）选择菜单"图像"→"调整"→"曲线"命令，打开"曲线"的话框，调整曲线如图 8-38 所示，效果如图 8-39 所示。

（11）将"图层 1"进行复制得到"图层 1 副本"，然后在"图层 1 副本"图层按照第（5）～（7）步的方法制作不同大小的雪花，如图 8-40 所示。

（12）将"图层 1 副本"与"图层 1"合并。

（13）选择菜单"滤镜"→"模糊"→"动感模糊"命令，在打开的"动感模糊"对话框中设置参数，如图 8-41 所示。

图 8-36 将图像的色彩反相

图 8-37 删除黑色区域

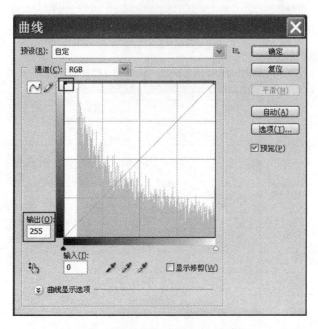

图 8-38 应用"曲线"命令去除黑色边缘

图 8-39　去除黑色边缘后的图像效果

图 8-40　制作大颗粒雪花

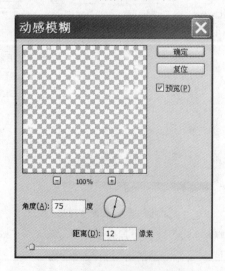

图 8-41　应用"动感模糊"滤镜

（14）为"图层1"添加图层蒙版，然后选择渐变工具，设置渐变色为"白色到黑色"，在图像上从下向上拖动鼠标，制作出向上渐隐的效果。

最终效果如图8-42所示。

图8-42 最终效果

8.7 制作湖光潋滟特效

本例主要用"风格化"滤镜组中的"风"滤镜制作湖光潋滟特效，如图8-43所示

图8-43 湖光潋滟特效

操作步骤如下：

（1）打开素材图片"fgh.jpg"。

（2）按3次快捷键Ctrl＋J，复制3个图层，得到"图层1"、"图层1副本"和"图层1副

本 2"。

（3）隐藏"图层 1 副本"和"图层 1 副本 2"，选择"图层 1"，然后选择菜单"滤镜"→"风格化"→"风"命令，在打开的"风"对话框中设置方向为"从右"。

（4）再次选择菜单"滤镜"→"风格化"→"风"命令，设置方向为"从左"，如图 8-44 所示。

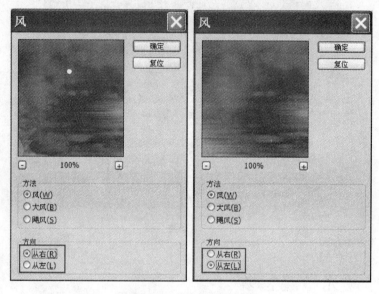

图 8-44　应用"风"滤镜

（5）选择"图层 1 副本"图层，将其显示出来。然后选择菜单"图像"→"图像旋转"→"90度（顺时针）"命令，将该图层旋转 90 度。

（6）重复第（3）、（4）步，为"图层 1 副本"添加"风"滤镜。

（7）选择菜单"图像"→"图像旋转"→"90 度（逆时针）"命令。

（8）将"图层 1 副本"的图层混合模式设置为"叠加"，如图 8-45 所示。

图 8-45　调整图层混合模式

（9）选择"图层1副本2"图层，将其显示出来，并添加图层蒙版，然后用黑色画笔在人物身上涂抹，再选择菜单"图像"→"调整"→"反相"命令，效果如图8-46所示。

图8-46 添加图层蒙版

（10）将除"背景"图层以外的所有图层合并，将图层混合模式设置为"柔光"，效果如图8-47所示。

图8-47 合并图层并调整其混合模式

（11）按快捷键Ctrl+J复制图层，并设置其图层混合模式为"滤色"，然后选择菜单"滤镜"→"模糊"→"高斯模糊"命令，在打开的"高斯模糊"对话框中设置"半径"为1。

（12）添加图层蒙版，用画笔在人物的脸部进行涂抹，如图8-48所示。

最终效果如图8-49所示。

图 8-48　添加图层蒙版突出显示脸部图像

图 8-49　最终效果

8.8　本章小结

　　本章介绍了滤镜的应用方法和各滤镜的作用、效果。滤镜的操作虽然很简单,只需对选区或图层执行相应的滤镜命令即可,但是用户真正用起来却很难恰到好处。滤镜通常和通道、图层等联合使用,才能取得最佳艺术效果。用户熟练掌握滤镜后,可以将多个滤镜组合应用,制作出绚丽多彩的图形,以丰富图像的画面效果。

习题 8

一、选择题

1."液化"滤镜的作用是(　　　)。

　　A. 模糊图像　　　　　　　B. 变形图像　　　　　　C. 抠像　　　　　　　D. 锐化图像

2.(　　　)滤镜可以减少渐变中的色带(色带是指渐变的颜色过渡不平滑,出现阶梯状）。

　　A. 杂色　　　　　　　　B. 扩散　　　　　　　C. 置换　　　　　　　D. USM 锐化

3. 如果一张照片的扫描效果不够清晰,可以用(　　　)滤镜修整。

　　A. 中间值　　　　　　　B. 风格化　　　　　　C. USM 锐化　　　　　D. 去斑

4. (　　　)滤镜只对 RGB 图像起作用。

　　A. 马赛克　　　　　　　B. 光照效果　　　　　C. 波纹　　　　　　　D. 浮雕效果

5. (　　　)滤镜可以去除印刷品中的杂点。

　　A. 高斯模糊　　　　　　B. 蜡笔效果　　　　　C. 半调图案　　　　　D. 去斑

6. 使用"云彩"滤镜时,在按下(　　　)键的同时选择"云彩"命令,可以生成对比度更明显的云彩图案。

　　A. Alt　　　　　　　　　B. Ctrl　　　　　　　C. Shift　　　　　　　D. Ctrl+Alt

二、问答题

1. 在滤镜库中应用多个滤镜时,改变其顺序是否会对最终效果产生影响?

2. "扩散亮光"滤镜的作用是什么? 怎样使用?

第 9 章

平面图像基本设计方法与综合实例

本章学习目标：

- 了解 Photoshop CS4 平面图像基本设计方法；
- 练习 Photoshop CS4 平面图像处理综合实例。

本章将前面章节学习到的知识点应用到实际工作中，通过本章的学习，读者能够对学习过的知识进行加强，并学习实际工作中常用的一些技巧，从而加强自己的实际操作能力。

9.1 平面图像基本设计方法

9.1.1 基本构图方法

平面图像处理通过对素材进行重新组合，实现引起别人注意，给人留下深刻的视觉印象和信息沟通的目标。用户一般只要遵循以下 3 个基本原则，就能实现这个目标。

- 一幅好作品要有一个鲜明的主题，主要表现一个人或是表现一件事物，甚至可以表现该题材的一个故事环节。主题必须明确，毫不含糊，使任何观赏者一眼就能看出来。
- 一幅好作品必须能把注意力引向被表现主体，换句话说，就是使观赏者的目光一下子投向被表现主体。
- 一幅好作品必须画面简洁，只包括有利于把视线引向被表现主体的内容，而排除或压缩可能分散注意力的内容。

构图是作品表达的具体手段，为了表现作品的主题思想和美感效果，在一定的空间内，对要表现的元素进行组织，形成画面的特定结构，借以实现设计者的表现意图。

通常，构图方法有均衡、对称、分割、对比视点等几种，"以突出主体、主次分明、赏心悦目"为准则。

Photoshop 图像处理的目的就是强化构图手段，将构思中的元素加以强调、突出，舍弃烦琐的、次要的东西，并恰当地安排陪衬，选择环境，使作品比现实生活更高、更美、更典型，把主题思想传递给读者。

下面是几种常见的平面图像处理的基本构图方法：

（1）倾斜与放射构图，如图 9-1 所示。

图 9-1　倾斜与放射构图

（2）垂直构图，如图 9-2 所示。

图 9-2　垂直构图

（3）对角线构图，如图 9-3 所示。

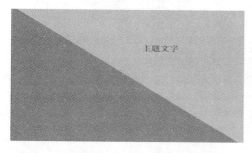

图 9-3　对角线构图

（4）水平构图，如图 9-4 所示。

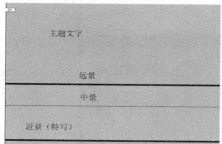

图 9-4　水平构图

（5）九宫格构图及三角形构图，如图 9-5 所示。

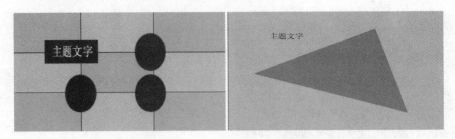

图 9-5　九宫格构图及三角形构图

9.1.2　色彩搭配

色彩是图像表达情感和特征最直接、最关键的因素。通过 Photoshop 调整图像色彩和色调，不仅可以烘托主体，更能赋予画面情感，从而升华主题。

（1）单色搭配，如图 9-6 所示。

图 9-6　单色搭配

（2）类比搭配，如图 9-7 所示。

图 9-7　类比搭配

（3）补色搭配，如图 9-8 所示。

图 9-8 补色搭配

9.2 实例 1——斑驳边框

9.2.1 相关知识点

- 学会新建 Alpha 通道；
- 使用"云彩"、"高斯模糊"、"玻璃"滤镜；
- 使用"计算"、"应用图像"命令混合图像；
- 掌握使用通道制作特效的方法。

9.2.2 实例效果与操作步骤

实例效果如图 9-9 所示。

图 9-9 "斑驳边框"实例效果

操作步骤如下：

（1）打开素材图片"9.1.jpg"，如图 9-10 所示。

（2）打开通道面板，单击下方的"创建新通道"按钮，新建"Alpha 1"通道。

图 9-10　素材图片

（3）选择菜单"滤镜"→"渲染"→"云彩"命令，创建云彩效果，效果如图 9-11 所示（注意，此时需要将前景色和背景色设置为默认状态，也就是黑色背景色、白色前景色状态）。

图 9-11　云彩效果

（4）在通道面板中创建"Alpha 2"通道。

（5）按快捷键 Ctrl＋A，创建一个和画布大小一致的选区，然后选择菜单"编辑"→"描边"命令，在打开的"描边"对话框中设置参数如图 9-12 所示。

图 9-12　"描边"对话框

（6）单击"确定"按钮后，按快捷键 Ctrl＋D 取消选区，得到如图 9-13 所示的效果。

（7）选择菜单"滤镜"→"模糊"→"高斯模糊"命令，在打开的"高斯模糊"对话框中设置

图 9-13 描边后的效果

参数如图 9-14 所示，然后单击"确定"按钮。

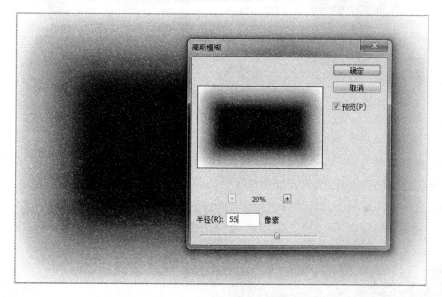

图 9-14 "高斯模糊"对话框

（8）选择菜单"图像"→"计算"命令，在打开的"计算"对话框中设置参数，然后单击"确定"按钮，得到新通道"Alpha 3"（"计算"命令的主要作用是将图像中的通道按不同的方式进行混合），如图 9-15 所示。

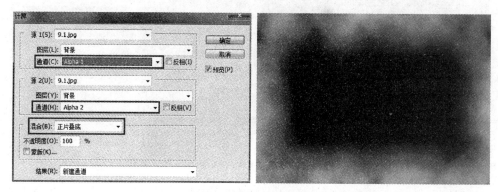

图 9-15 "计算"对话框

（9）选择菜单"图像"→"调整"→"色阶"命令，在打开的"色阶"对话框中调整对比度，如图 9-16 所示，然后单击"确定"按钮，修改"Alpha 3"通道的对比度。

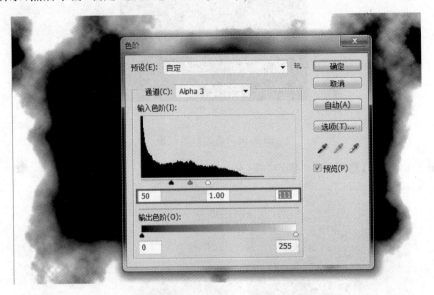

图 9-16　"色阶"对话框

（10）选择菜单"滤镜"→"扭曲"→"玻璃"命令，在打开的"玻璃"对话框中设置参数如图 9-17所示（读者也可按自己的喜好调整参数）。

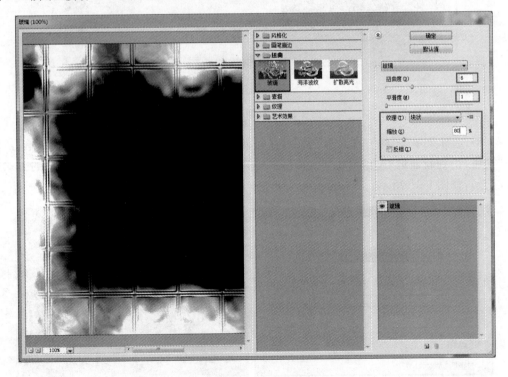

图 9-17　"玻璃"对话框

（11）在通道面板中选择"RGB"通道，返回图像的正常显示。

（12）选择菜单"图像"→"应用图像"命令，在打开的"应用图像"对话框中设置参数如图 9-18 所示（"应用图像"命令的作用是将一个图像的图层或通道与当前图像的图层或通道混合为一体，主要用于合成综合通道和单个通道的内容）。

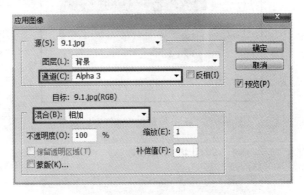

图 9-18　"应用图像"对话框

最终效果如图 9-19 所示。

图 9-19　最终效果

9.3　实例 2——跃出相框的海豚

9.3.1　相关知识点

- 掌握部分快捷方式的使用；
- 掌握利用路径工具创建选区的方法；
- 掌握利用图层调整得到特殊效果的方法。

9.3.2　实例效果与操作步骤

实例效果如图 9-20 所示。

操作步骤如下：

图 9-20 "跃出相框的海豚"实例效果

（1）打开素材图片"9.2.jpg"，如图 9-21 所示。

图 9-21 素材

（2）将其背景图层拖到"创建新图层"按钮 上，也可以选择菜单"图层"→"新建"→"通过复制的图层"命令或按快捷键 Ctrl＋J 复制一次，得到"图层 1"，如图 9-22 所示。

图 9-22 复制图层

（3）使用钢笔工具将海豚从原始照片中描绘出来，并将此路径命名为"海豚"（使用套索工具也可以做到，读者在这里可以尝试使用两种方法选取出海豚部分），如图9-23所示。

（4）在用钢笔工具把要制作成选区的路径编辑好以后，按快捷键Ctrl＋Enter将其转换成选区。

（5）选择菜单"图层"→"新建"→"通过复制的图层"命令或按快捷键Ctrl＋J，复制选区中与图层相关的内容，并建立"图层2"，如图9-24所示。

图9-23 生成路径

图9-24 由选区创建新图层

（6）制作照片的相框：在"图层1"和"图层2"之间建立"图层3"，然后用矩形选框工具做出一个一定比例的选择区，不用太精确，因为后面的步骤还要对它进行扭曲变形，如图9-25所示。

图9-25 新建图层并创建矩形选区

（7）如果把做好的选区用白色填充（如果背景色为白色，可使用快捷键Ctrl＋Delete，如果前景色为白色，则使用快捷键Alt＋Delete），然后选择菜单"图像"→"调整"→"亮度/对比度"命令，将其颜色略微调暗一些，如图9-26所示。

（8）添加少量的纹理：选择菜单"滤镜"→"杂色"→"添加杂色"命令，在打开的"添加杂色"对话框中设置"数量"为1%，如图9-27所示。

图 9-26　填充矩形区域，并调整亮度/对比度

图 9-27　添加杂色

　　（9）选择菜单"滤镜"→"模糊"→"高斯模糊"命令，在打开的"高斯模糊"对话框中设置"半径"为 1，如图 9-28 所示。

　　（10）选择菜单"选择"→"修改"→"收缩"命令，在打开的"收缩选区"对话框中设置"收缩量"为 20（也可以自己确定适当的大小），如图 9-29 所示。

图 9-28　高斯模糊

图 9-29　收缩选区

　　(11) 按 Delete 键删除冗余的部分,然后选择菜单"选择"→"取消选择"命令或按快捷键 Ctrl＋D 取消选择,得到如图 9-30 所示的效果。

　　(12) 对相框进行变形处理:选择菜单"编辑"→"自由变换"命令或按快捷键 Ctrl＋T 打开自由变换,按住 Ctrl 键分别调节 8 个拖移点对相框进行变形处理,效果如图 9-31 所示。

图 9-30　相框大致完成

图 9-31　自由变换相框

　　（13）去掉相框以外的背景：在图层面板中将背景图层隐藏，再选择魔棒工具（属性栏上的"连续"复选框应处于选中状态）在相框之外的任何地方单击，使整个图层区域都被选中。然后选中"图层 1"，按 Delete 键清除多余的背景，得到如图 9-32 所示的效果。

图 9-32　去除相框以外的区域

　　（14）由于海豚从照片之内跳出来的，在这里发现海豚的尾巴还留在照片之外，为了达到真实的效果必须要删掉它。首先按住 Ctrl 键单击相框图层——图层 3 的缩略图，此时相框的像素区域被选中。然后用橡皮擦工具擦去海豚图层——图层 2 中多出来的尾巴，效果如图 9-33 所示。

图 9-33 调整尾部

（15）在隐藏的背景图层上建立一个新的图层——"图层 4"，并填充白色（使用菜单"编辑"→"填充"命令）。

（16）将"图层 1"、"图层 2"、"图层 3"中的图像移动到如图 9-34 所示的位置。

图 9-34 调整位置

（17）选择相框图层——"图层 3"，然后选择菜单"图层"→"图层样式"→"投影"命令与"斜面和浮雕"命令，设置参数如图 9-35 所示。

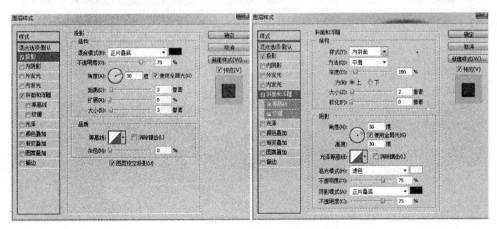

图 9-35 调整图层样式

（18）调整后，相框可以有一些立体效果，如图 9-36 所示。

图 9-36　为相框添加图层样式

（19）为相框添加一个影子：在白色背景层——"图层 4"上面建立一个新图层——"图层 5"，然后用多边形套索工具制作出一个符合透视规律的多边形并用黑色填充，再按快捷键 Ctrl＋D 取消选区。

（20）设置图层的不透明度为 50％，如图 9-37 所示。

图 9-37　调整"图层 5"的不透明度

（21）使用菜单"滤镜"→"模糊"→"高斯模糊"命令模糊 4 个像素，然后移动影子到合适的位置，效果如图 9-38 所示。

图 9-38　相框阴影

（22）把海豚的图层复制一次,得到"图层2副本",并放到相框图层——"图层3"之上,如图9-39所示。

图9-39　建立"图层2副本"

（23）使用菜单"图像"→"调整"→"亮度/对比度"命令将其调整为纯黑色,如图9-40所示。

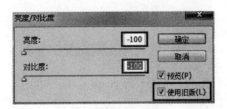

图9-40　调整"图层2副本"的亮度和对比度

（24）使用菜单"编辑"→"自由变换"命令或快捷键Ctrl+T进行变形处理(在自由变换下,按Ctrl键为扭曲变形,按快捷键Ctrl+Alt为透视变形,按快捷键Ctrl+Shift为斜切变形)。

（25）把海豚的影子调整好后按住Ctrl键单击相框图层——"图层3",然后选择菜单"选择"→"反选"命令或按快捷键Ctrl+Shift+I,再使用Delete键删除多余的影子,并把图层的不透明度设置为30%左右。

最终效果如图9-41所示。

图9-41　最终效果

9.4　实例3——包装设计

9.4.1　相关知识点

- 使用样式面板中提供的样式，并进行修改；
- "塑料包装"、"烙黄"等滤镜的使用；
- 通过"图层样式"调整图层显示；
- 通过空白图层和带图层样式的图层进行合并，实现图层样式转换为实际像素的操作；
- 路径和选区的转换；
- 选区和图层以及蒙版间求交集、差集、并集的方法。

9.4.2　实例效果与操作步骤

实例效果如图 9-42 所示。

图 9-42　"包装设计"实例效果

操作步骤如下：

（1）按快捷键 Ctrl＋N 新建画布：长 100 毫米、宽 80 毫米、分辨率为 300 像素/英寸，其余参数如图 9-43 所示。

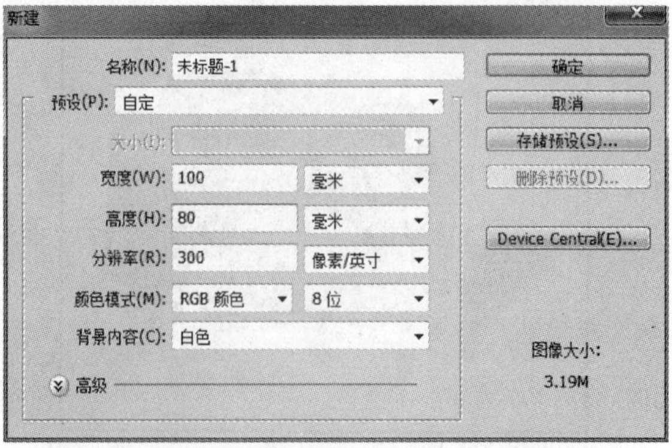

图 9-43　新建文件

（2）将前景色设置为 60a4da，如图 9-44 所示。

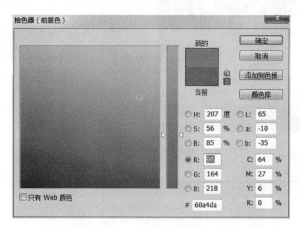

图 9-44 设置前景色

（3）按快捷键 Alt＋Delete，填充前景色，然后选择菜单"滤镜"→"杂色"→"添加杂色"命令，给背景图层添加 5％的杂色，如图 9-45 所示。

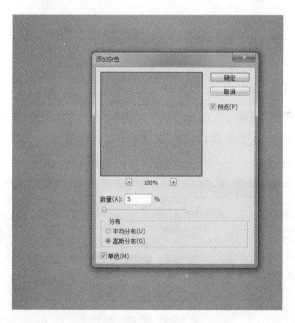

图 9-45 给背景图层添加杂色

（4）新建"图层 1"，使用路径工具中的圆角矩形工具，绘制适当大小的圆角矩形，并设置圆角矩形的圆角半径为 40 像素，然后保存路径为"路径 1"，使用 RGB(238,238,238)填充该路径，并隐藏路径，如图 9-46 所示。

（5）在样式面板中选择"Web 样式"中的"透明凝胶"选项，适当调整圆角矩形的样式，得到如图 9-47 所示的效果。

（6）新建"图层 2"，在图层面板将其与"图层 1"同时选中，然后右击选择"合并图层"命令，将"图层 1"和"图层 2"合并（作用是将图层样式转化为实际图像），合并后的图层为"图层 2"。

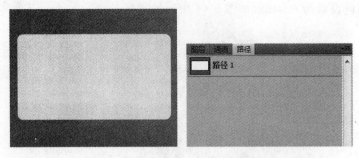

图 9-46　绘制圆角矩形路径并填充

图 9-47　应用样式

　　(7) 对合并后得到的"图层 2",应用菜单"滤镜"→"艺术效果"→"塑料包装"命令,在打开的"塑料包装"对话框中设置参数,其中,高光强度为 7、细节为 9、平滑度为 7,如图 9-48 所示。

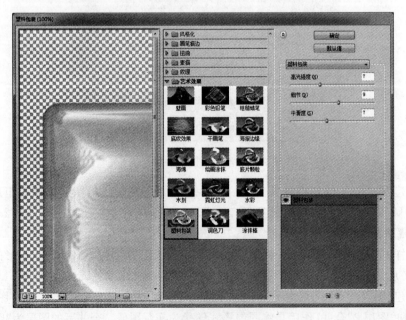

图 9-48　"塑料包装"对话框

（8）给该图层添加"投影"样式，并设置距离为 39、扩展为 21、大小为 87，如图 9-49 所示。

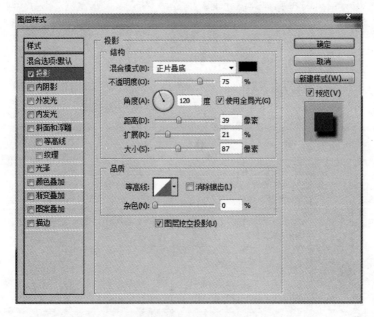

图 9-49　添加投影

（9）新建"图层 3"，复制"路径 1"得到"路径 2"，然后使用快捷键 Ctrl＋T 对路径进行自由变换，在自由变换的基础上，按住快捷键 Ctrl＋Alt，对路径进行按中心点等比例缩小，使用 Enter 键确定缩放，使用快捷键 Ctrl＋Enter 将路径转换为选区，使用快捷键 Alt＋Delete 以前景色填充选区，效果如图 9-50 所示。

图 9-50　变换路径并填充

（10）按快捷键 Ctrl＋D 取消选择，给"图层 3"设置"描边"样式，设置大小为 27、位置为"内部"、填充类型为"渐变"、样式为"迸发状"，然后在渐变设置中设置 4 个颜色点，即 0％（207,207,196）、40％（236,236,236）、60％（255,255,255）、100％（215,214,206），如图 9-51 所示。

（11）添加"内阴影"样式，设置不透明度为 50％、距离为 22、阻塞为 25、大小为 62，如图 9-52 所示。

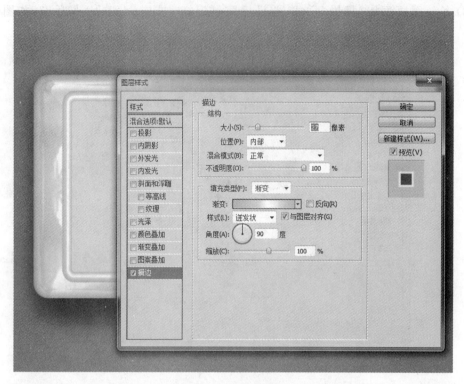

图 9-51　添加描边

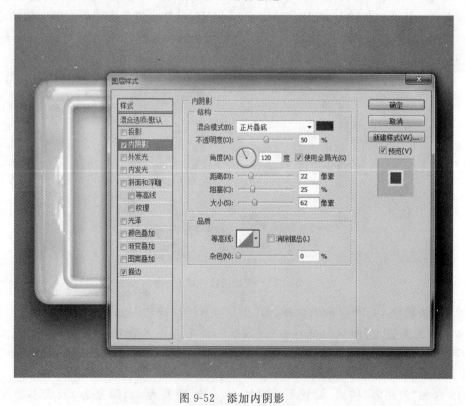

图 9-52　添加内阴影

（12）新建"图层4"，将其与"图层3"合并，方法与第(6)步一样，得到合并后的"图层4"，然后应用"塑料包装"滤镜，如图9-53所示。

图9-53 处理内部后

（13）打开素材图片"9.3.1.psd"，复制粘贴到新建图像中，得到"图层5"然后，使用**快捷键Ctrl＋T**对其自由变换，使得素材图片的大小和形状如图9-54所示。

图9-54 复制粘贴并调整素材

（14）复制"图层5"，得到"图层5副本"，然后选择菜单"编辑"→"变换"→"水平翻转"命令，再选择菜单"编辑"→"变换"→"垂直翻转"命令，得到如图9-55所示的效果。

图9-55 复制、变换图层

（15）将上面得到的"图层 5"和"图层 5 副本"合并为新图层——"图层 5"，然后使用"Alt 键＋移动工具"水平复制几个"图层 5"中的图像，并合并为一个图层——"图层 5"，如图 9-56 所示。

图 9-56　复制图层

（16）绘制"路径 3"，它由弧形和矩形两个部分组成，如图 9-57 所示。

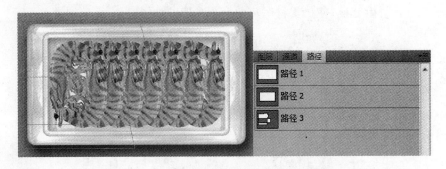

图 9-57　绘制"路径 3"

（17）使用路径选择工具选择弧形部分，然后右击选择"建立选区"命令，并设置羽化半径为 0，创建选区。隐藏路径，将选区和"图层 2"像素区域求交集（可在存在弧形选区的前提下，使用按住快捷键 Shift＋Ctrl＋Alt，同时单击"图层 2"缩略图的办法求交集）。

（18）复制"9.3.2.jpg"中的图像，使用菜单"编辑"→"贴入"命令将其贴入选区，得到带有蒙版的"图层 6"，然后使用快捷键 Ctrl＋T 进行自由变换，适当调整图像的大小和位置，得到如图 9-58 所示的效果。

图 9-58　贴入图像并调整

（19）选择"路径 3"中的矩形部分，将其转换为选区（参考第(17)步的操作方法），同样和"图层 2"求交集。

（20）新建"图层 7"，并填充为白色，如图 9-59 所示。

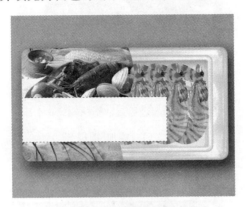

图 9-59　填充矩形

（21）在选区存在的情况下，使用按住快捷键 Shift＋Ctrl＋Alt，同时单击"图层 6"的蒙版缩略图的方法求出和弧形区域的交集，将"9.3.3.jpg"图像的内容复制粘贴到该选区，并调整大小和位置，得到"图层 8"，然后将其不透明度修改为 60％，得到如图 9-60 所示的效果。

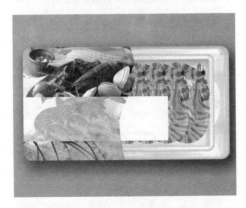

图 9-60　图层 8

（22）新建"图层 9"，在"图层 7"中矩形的正下方，绘制高度较小、宽度一致的无羽化矩形（可以使用魔棒工具，在"图层 7"上选择白色区域，然后返回"图层 9"，选择菜单"选择"→"变换选区"命令的方法，将选区高度减少），填充为 RGB(168,25,25)的棕色。接着使用按住快捷键 Shift＋Ctrl＋Alt，同时单击"图层 6"的蒙版的方法求出该矩形和弧形的交集，并将交集设置为白色，如图 9-61 所示。

（23）设置前景色为黑色，输入"Shrimp"，并设置字体为"Brush Script Std"、大小为"36"，然后选择"图层"→"图层样式"→"描边"命令，为该部分文字添加白色向外描边效果，宽度为 9，如图 9-62 所示。

（24）给其余部分添加适当颜色和大小的文字，如图 9-63 所示。

（25）将"9.3.4.psd"、"9.3.5.jpg"、"9.3.6.jpg"中的内容复制粘贴到适当的位置，效果如图 9-64 所示。

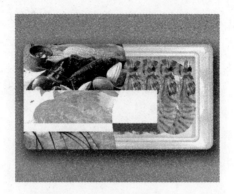

图 9-61　添加"图层 9"

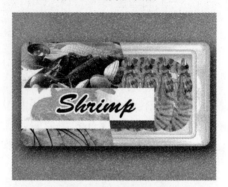

图 9-62　添加文字

图 9-63　添加说明文字

图 9-64　添加素材

（26）制作上方的塑料薄膜的效果。

（27）在最上方新建图层"图层13"，然后选择"图层2"的像素区域（按住 Ctrl 键单击"图层2"），填充为黑色。

（28）选择画笔工具，设置前景色为白色、主直径为180、硬度为0％，并在属性栏中调整流量为10％，然后在黑色区域随意涂抹。

（29）选择菜单"滤镜"→"素描"→"烙黄"命令，设置细节为6、平滑度为9，效果如图9-65所示。

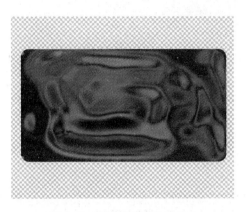

图 9-65　处理后的"图层13"

（30）对于得到的效果图层，设置其混合模式为"滤色"，并适当调整色阶，得到最终效果，如图9-66所示。

图 9-66　最终效果

9.5　实例4——宣传单制作

9.5.1　相关知识点

- "马赛克"、"照亮边缘"、"高斯模糊"、"彩色半调"等滤镜的使用；
- 色阶、色相、饱和度、去色、阈值等色彩调整方式及其快捷键；

- 动作面板的使用,动作的创建和使用方法;
- 使用快捷键达到变换和复制同时完成。

9.5.2　实例效果与操作步骤

实例效果如图 9-67 所示。

图 9-67　"宣传单制作"实例效果

操作步骤如下:

(1) 按快捷键 Ctrl＋N 新建文件,宽度为 107 毫米、高度为 110 毫米、分辨率为 300 像素/英寸、颜色模式为 RGB 颜色、背景内容为白色,如图 9-68 所示。

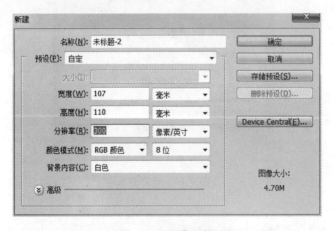

图 9-68　新建文件

(2) 新建"图层 1",按 D 键,将背景色和前景色设置为默认状态(即前景色为黑色、背景色为白色),然后对此图层应用菜单"滤镜"→"渲染"→"云彩"命令操作,效果如图 9-69 所示。

(3) 选中"图层 1",选择菜单"滤镜"→"像素化"→"马赛克"命令,并设置单元格大小为 75。然后选择菜单"图像"→"自动色调"命令或按快捷键 Shift＋Ctrl＋L 调整对比度,得到如图 9-70 所示的效果。

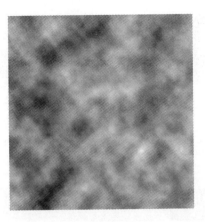

图 9-69 云彩效果

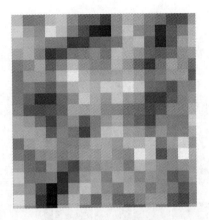

图 9-70 马赛克效果

(4) 选择菜单"图像"→"调整"→"渐变映射"命令,将渐变调整为粗糙度为 100 的杂色模式,并取消选择"限制颜色"复选框,选择"增加透明度"复选框,参数设置如图 9-71 所示。

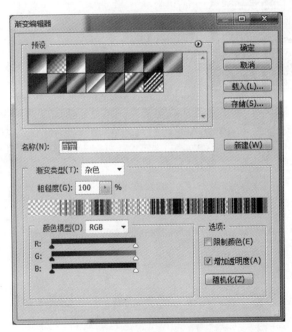

图 9-71 杂色渐变

(5) 设置"图层 1"的不透明度为 10%。

(6) 复制"图层 1",得到"图层 1 副本",设置其不透明度为 100%,然后选择菜单"图像"→"调整"→"去色"命令,将图像转换为灰度。

(7) 选择"滤镜"→"风格化"→"照亮边缘"命令,在打开的"照亮边缘"对话框中设置边缘宽度为 4、边缘亮度为 20、平滑度为 15,如图 9-72 所示。

(8) 选择菜单"图像"→"调整"→"色阶"命令或按快捷键 Ctrl+L,打开"色阶"对话框,输入色阶为 192、1、194,如图 9-73 所示。

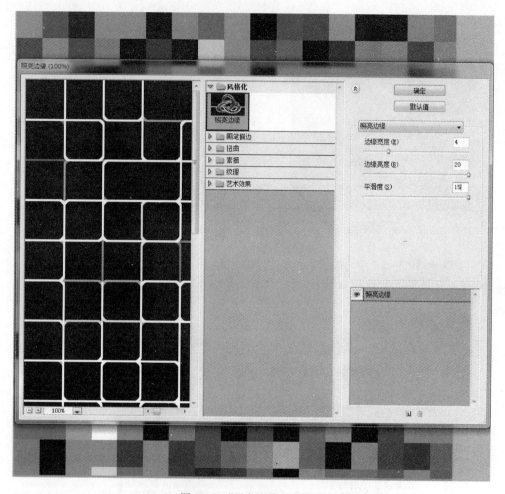

图 9-72 "照亮边缘"对话框

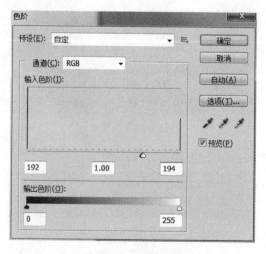

图 9-73 调整色阶

（9）将"图层1副本"的混合模式设置为"差值"，将不透明度设置为10％，制作出彩色马赛克背景，如图9-74所示。

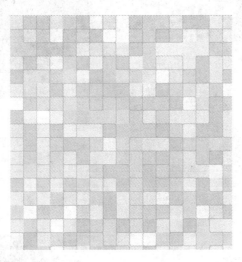

图 9-74　彩色马赛克背景

（10）切换到通道面板，新建"Alpha1"通道，设置前景色为白色，然后在通道内绘制大小适中的正圆。

（11）对正圆使用菜单"滤镜"→"模糊"→"高斯模糊"命令，设置半径为25的高斯模糊，然后选择"滤镜"→"像素化"→"彩色半调"命令，设置最大半径为18，效果如图9-75所示。

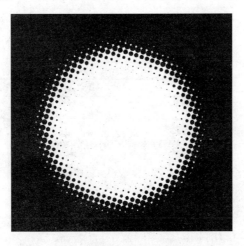

图 9-75　滤镜处理后的圆

（12）再绘制一个正圆选区，比上一个稍小，放置于上一个图形的中间，然后选择菜单"编辑"→"填充"命令或按快捷键Shift＋F5，设置填充色为50％灰色进行填充，如图9-76所示。

（13）按住Ctrl键单击"Alpha 1"通道，调出选区，然后返回图层面板，创建"图层2"。设置前景色为CMYK(15,11,12,0)，填充选区，然后取消选择。

（14）给"图层2"添加图层样式"投影"，设置不透明度为56％，角度为139，取消选择"使用全局光"复选框，设置距离为4、大小为8，如图9-77所示。

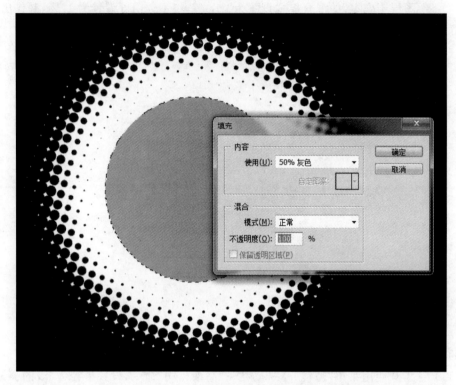

图 9-76　在中心添加 50％灰度圆

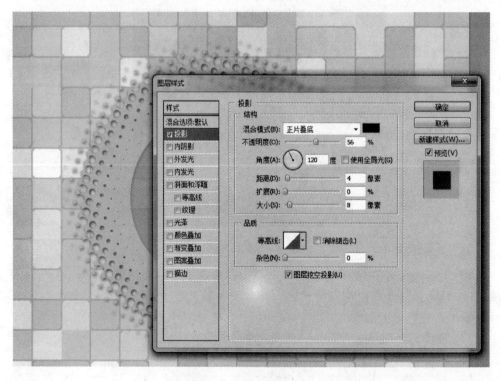

图 9-77　给图层添加阴影

（15）选择菜单"视图"→"标尺"命令或按快捷键 Ctrl＋R 显示标尺，并选择菜单"视图"→"新建参考线"命令，在水平 5.5cm 的位置以及垂直 5.35cm 的位置分别创建水平和垂直参考线。

（16）移动该部分对齐到画布中心，然后选择菜单"图像"→"调整"→"色相/饱和度"命令或按快捷键 Ctrl＋U，在打开的对话框中选择"着色"复选框，设置色相为 310、饱和度为 50、明度为－5，如图 9-78 所示。

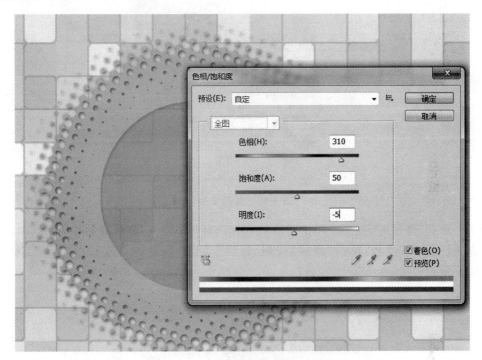

图 9-78　调整色相/饱和度

（17）新建"图层 3"，使用自定形状工具，选择其中的"箭头 19"，在画面上绘制大小适中的箭头，并保存为"路径 1"。

（18）按快捷键 Ctrl＋Enter，将"路径 1"转换为选区，并使用 RGB(0，228，204)填充，如图 9-79 所示。

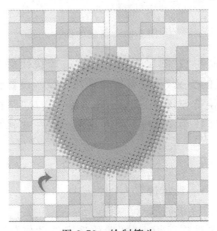

图 9-79　绘制箭头

（19）选中"图层3"，按快捷键 Ctrl＋T 进行自由变换，设置变换的旋转中心点在下边线的中点，旋转角度为60度，按 Enter 键确认变换。

（20）确认变换后，按快捷键 Ctrl＋Shift＋Alt＋T，将上一次的变换进行复制变换，连续5次，并将复制得到的图层合并为"图层3"，如图9-80所示。

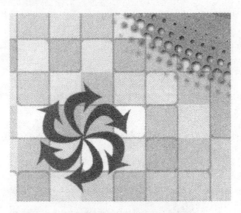

图 9-80　复制变换

（21）选择"路径1"，同样使用快捷键 Ctrl＋Shift＋Alt＋T，将路径复制变换5次。

（22）打开动作面板，单击"新建"按钮，新建"动作1"（新建完成后，即开始录制），如图9-81所示。

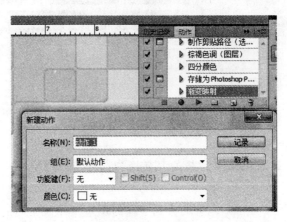

图 9-81　新建动作

（23）选择"图层3"，复制得到"图层3副本"，然后按快捷键 Ctrl＋T 进行自由变换，设置旋转中心点为两条参考线的交叉处，设置旋转角度为10，设置长宽缩放比例均为80％。

（24）选择"路径1"，按快捷键 Ctrl＋Shift＋Alt＋T 对"路径1"同样进行复制变换操作，然后使用路径选择工具选中复制出来的路径，右击选择"建立选区"命令，得到如图9-82所示的效果。

（25）在保留选区的基础上，选择菜单"图像"→"调整"→"色相/饱和度"命令或按快捷键 Ctrl＋U，将色相增加10，然后按快捷键 Ctrl＋D 取消选择。

（26）单击动作面板上的"停止播放/记录"按钮。

（27）选择"动作1"，单击动作面板上的"播放选定的动作"按钮，将"动作1"再次执行一

图 9-82　变换复制

次,这样连续执行 12 次"动作 1",可以得到连续的 13 个"图层 2"的副本,如图 9-83 所示。

图 9-83　连续执行"动作 1"后的效果

(28) 将得到的图层副本和"图层 3"合并,得到新的"图层 3"。

(29) 将"图层 3"进行复制,得到"图层 3 副本",然后选择菜单"编辑"→"变换"→"水平翻转"命令以及"垂直翻转"命令,并调整图像到合适的位置,如图 9-84 所示。

(30) 选中"图层 3 副本",然后选择菜单"图像"→"调整"→"色相/饱和度"命令或按快捷键 Ctrl+U,将色相增加 100,效果如图 9-85 所示。

(31) 将素材图片"9.4.1.psd"置于图像的中心位置。

(32) 按快捷键 Ctrl+T 进行自由变换,使"图层 3"和"图层 3 副本"达到如图 9-86 所示的效果。

(33) 将"背景"、"图层 1"、"图层 1 副本"合并。

(34) 设置字体为"Brush Script Std"、大小为 60,在画面顶部输入文字"Mobile Life"。

(35) 按住 Ctrl 键单击文字图层缩略图,得到文字选区。

(36) 切换到合并后的"背景"图层,按快捷键 Ctrl+J 通过复制得到新图层,即得到"图层 4",然后将其移动到最顶端显示,并关闭文字图层的显示。

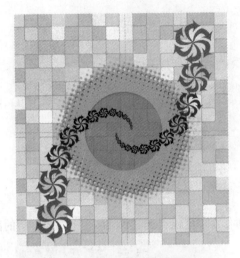

图 9-84　复制并翻转"图层 3"

图 9-85　调整色相

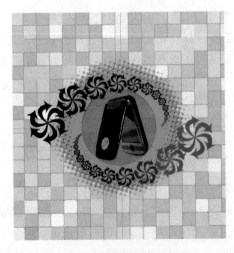

图 9-86　调整后的效果

（37）选择"图层 4"，然后选择菜单"图像"→"调整"→"阈值"命令，设置"阈值色阶"为 230，得到如图 9-87 所示的效果。

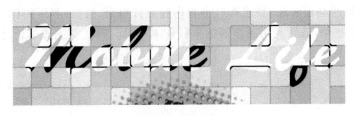

图 9-87　调整阈值后

（38）给"图层 4"添加图层样式"描边"，设置描边大小为 3、描边填充类型为"图案"，并选择"扎染"图案。

（39）选择菜单"视图"→"标尺"命令或按快捷键 Ctrl＋R 关闭标尺显示，然后选择菜单"视图"→"显示额外内容"命令或按快捷键 Ctrl＋H 关闭参考线显示。

最终效果如图 9-88 所示。

图 9-88　最终效果

9.6　本章小结

本章首先介绍了使用 Photoshop 进行图像处理的常用方法，接着通过 4 个实例，将使用 Photoshop 进行图像处理的常用手法和技巧进行了介绍。通过本章的学习，能够使读者对前面各章节的知识进行巩固，并通过综合练习掌握 Photoshop 平面图像处理的基本操作流程和设计理念。

习题 9

1. 使用素材图片"9.2.1.png"和"9.2.2.jpg"，制作一幅杂志广告，基本理念是通过广告宣传某品牌 3D 电视机。

2. 尝试使用 9.2 节的知识和技巧,给自己的照片添加不同的相框(尝试不同色彩、不同滤镜)。

3. 制作一幅产品包装图,要求针对书籍内容设计封面、封底,利用制作好的封面和封底完成书籍的样本制作,最后利用制作好的书籍样本、封面、封底等完成书籍礼盒的制作(素材自选)。

参考文献

［1］ 李显进,赵云.中文版 Photoshop CS4 从入门到精通.北京:清华大学出版社,2010.

［2］ 李金民,李金荣.Photoshop CS4 完全自学教程(超值版)(中文版).北京:人民邮电出版社,2011.

［3］ 唐有明,李霞.从新手到高手:Photoshop CS4 中文版.北京:清华大学出版社,2010.

［4］ 叶伟雄.Adobe Photoshop CS4 经典教程(中文版高等院校计算机技术十二五规划教材).杭州:浙江大学出版社,2013.

［5］ 曹天佑.Photoshop CS4 中文版标准培训教程.3 版.北京:电子工业出版社,2012.

［6］ Eismann, Katrin, Duggan. Photoshop Masking & Compositing. Porto: James New Riders Publishing,2012.

［7］ 王剑峰,陈淑萍.计算机十二五规划教材:中文版 Photoshop CS4 平面设计案例教程.北京:航空工业出版社,2012.

［8］ 黄侃,张松波.21 世纪普通高校计算机公共课程规划教材:Photoshop CS4 中文版实用教程.北京:清华大学出版社,2012.

［9］ 范春霞,张力,黄进龙.Photoshop CS4 上机指导与习题.北京:北京理工大学出版社,2012.

［10］ 朱仁成,朱艺.Photoshop CS2 平面设计专项实例训练.北京:电子工业出版社,2006.

［11］ 张立强,李和兵.边做边学平面广告设计与制作.北京:人民邮电出版社,2012.

参考文献

[1] 章毓晋主编. 图象工程. Bao Qiu Jun ... 北京: 清华大学出版社, 2005.

[2] 章毓晋. Photoshop CS ... 北京. 清华大学出版社（影印版）. 北京: 人民邮电出版社.

[3] 章毓晋. 李冬华. Photoshop CS2 ... 北京: 清华大学出版社, 2002.

[4] John, David. Adobe Photoshop CS6 ... 北京. 人民邮电出版社, 2013.

[5] 章毓晋. Photoshop CS5 ... 北京. 清华大学出版社, 2011.

[6] Gonzalez, R. C., Woods, P. Digital Image Processing. Prentice Hall. 2011.

[7] Shih, Frank Y. Image Processing and Mathematical Morphology: Fundamentals and Applications. CRC Press. 2009.

[8] 章毓晋. 图象处理 工程 图象处理 和分析. 北京: 清华大学出版社, 2012.

[9] 章毓晋. 李冬华. 图象处理和分析技术. 北京. 清华大学出版社, 2012.

[10] 章毓晋. Photoshop CS5 技术. 北京. 人民邮电出版社, 2012.

[11] 章毓晋. Photoshop ... 北京. 清华大学出版社. 北京. 人民邮电出版, 2005.

[12] 章毓晋. Digital Image Processing ... 北京. 清华大学出版社, 2011.